UN VIAJE A LAS CUEVAS

DE CRISTALES GIGANTES DE SELENITA

DE MÉXICO

(Segunda edición)

Los cristales más grandes descubiertos en el planeta tierra

Leela Hutchison, G.G.

UN VIAJE A LAS CUEVAS DE CRISTALES GIGANTES DE SELENITA DE MÉXICO

Derechos de autor © 2018 Leela Hutchison
Todos los derechos reservados.
ISBN-13: 978-1986001335

ISBN-10: 1986001334

A mis padres que estaban resueltos a que yo naciera en El Paso, Texas.

NOTAS A MI LECTOR

Las aventuras que he experimentado, recordado y relatado en las historias compartidas con usted, mi lector, son como un recordatorio de cómo se expresa el viaje de nuestra propia vida. Al comprender las claves que ofrecen nuestras experiencias, podemos predecir un camino o elegir otro. Mi intención es proporcionar gozo y contemplación. Que este libro lo inspire a crear nuevas aventuras en su propia vida, ¡a cualquier edad!

NOTAS A MI LECTORES EN ESPAÑOL

Siento mucho cariño hacia las personas hispanohablantes de México, América Central y América del Sur, y espero que lo descubran al leer mis historias. Para mí, los latinoamericanos son generosos, auténticos y amables.

Estos increíbles cristales gigantes son un legado que pertenece al pueblo mexicano. A lo largo de mis años de investigaciones en el norte de México, muy pocas de las personas que llegué a conocer estaban al tanto de sus descubrimientos y de lo que yacía bajo sus pies.

Quise compartir mi viaje con ustedes como una de las primeras exploradoras que han entrado en estas misteriosas cuevas y espero que lo lean desde esa perspectiva. Esta historia es bastante distinta a los informes de muchos científicos y otros exploradores kársticos encargados de documentar las cuevas.

México ancestral posee muchos misterios y es tan rico en recursos naturales que estoy segura de que existen muchos descubrimientos fascinantes que compartir con el mundo para aventureros como ustedes y yo.

Estoy encantada de que finalmente puedan disfrutar de la versión en español de mi libro.

Entonces, ¿empezamos?

PREFACIO

Después de varios años de compartir las primeras imágenes de los cristales gigantes de México con audiencias de los Estados Unidos, América Central, Sudamérica y Europa, finalmente llegó la hora de escribir sobre mi viaje personal.

Rechacé con alto grado de resistencia la sugerencia de parte de muchas personas de que relatara lo que había visto, sentido y experimentado al entrar en esas burbujas dentro de las capas de rocas que se encuentran en la profundidad de la tierra.

Pasé años tratando de comprender de una manera más profunda cuál podría ser el propósito de esas masas de cristales, distinto al de ofrecer tan solo la oportunidad de tener las condiciones perfectas de la madre naturaleza para crear gigantes de sulfato de calcio hidratado y agua.

Dieciséis años después, mis investigaciones en los desiertos del suroeste de los Estados Unidos y México me han llevado a teorías, ideas y conclusiones interesantes. Esas ideas las compartiré en mi próximo libro.

Aprender a escribir un libro sobre algo tan apasionante e interesante para mí debería haber sido más fácil y es probable que para algunos lo sea. Se presentaron muchos eventos en mi vida que considero que fueron preparatorios y que condujeron a mi invitación para explorar las cuevas y los cuales comparto aquí. Creo que todos son coherentes con el tema más amplio sobre la materia que es contar la historia de la que fui testigo en el interior de esos misteriosos gigantes de las cuevas de cristal.

Mi intención es que ustedes, mis lectores, me acompañen y entremos en esas cuevas como si estuvieran ahí en persona. Estoy aquí para contarles una experiencia de primera mano que muy pocos tendrán alguna vez el privilegio de compartir.

En el otoño del año 2015, la mina quedó inundada por encima de los gigantescos cristales. Me considero afortunada de haber tenido la oportunidad de explorar las cuevas de cristales, ya que ahora y para siempre quedaron fuera del alcance y perdidas para el mundo. Los propietarios de la mina de plata no tienen la intención de preservar su descubrimiento accidental para compartirlo con las generaciones futuras. Ellos no perciben ganancias (de los cristales), y cuando la situación financiera de la mina cambió, como se predijo, cerraron sus operaciones. Las bombas de aguas fueron retiradas y las cuevas están ahora inundadas.

UN VIAJE A LAS CUEVAS DE CRISTALES GIGANTES DE SELENITA DE MÉXICO

CAPITULO 1

Río Feather, Crystal Mountain y el condado de Plumas, California
Agosto de 1998

No puedo seguir respirando esta tierra dije apretando los dientes. Cerré los ojos un momento, aspirando la tierra y el aire en mis pulmones. Quise pedir ayuda pero me contuve e hice todo lo posible por mantenerme calmada y en control. Me estaban asfixiando las piedras, la tierra y el polvo que se deslizaban del estrecho agujero bajo el enorme roble. Mi rostro estaba a menos de dos centímetros de la pared de tierra. Sentí que estaba a punto de tener un ataque de pánico debido a la intensa sensación de claustrofobia. Y ahora, ¿qué? Deseaba desesperadamente avanzar a toda velocidad pero temía quedarme atascada para siempre.

Empezaba a sentirme paralizada, con una pierna y un brazo justo fuera del agujero y el resto de mi cuerpo apretujado entre una roca y una pared de tierra. Aunque era medio día, estaba terriblemente oscuro. Necesitaba mi linterna para ver a dónde me llevaría este estrecho agujero.

Mi overol se sentía caliente y rasposo, como papel de lija. Armada con un destornillador grande y un martillo en una mano, mis dedos no me ayudaban gran cosa para abrirme camino en la oscuridad.

¿En primer lugar, cómo iba a utilizar esas herramientas y ver dónde excavar?

Mike y Ray actuaban como niños en un divertido día de excursión mientras yo sudaba la gota gorda preguntándome si algún día volvería a ver la luz del día. No le estaban prestando la más mínima atención a mi aprieto y no los culpaba.

Lo que estaban viendo los tenía totalmente cautivados. En una cámara cuatro metros y medio más abajo, se encontraban unas enormes puntas de cristal atravesando el barro y la tierra como esperando ser arrancadas. Eran incontables Oh Dios, ¿puedes creer esto? gritó Mike. Ven Leela, baja aquí, ¡esto es increíble! Calcularon que había más que suficiente como para llenar sus mochilas.

Lo dudo murmuré resintiendo su feroz valentía y estupidez. ¿Qué pasaría si una roca cayera y los aplastara?

Pero ya sentía envidia de lo que pudieran encontrar en la forma de cristales de cuarzo al fondo de las raíces del árbol, no muy lejos de mí. En ese punto, apenas podía imaginarme lo que ellos estaban viendo y comenzaba a arrepentirme de no poder moverme con la suficiente velocidad como para bajar allá tan rápido como ellos.

Por supuesto me preguntaba si conseguiría mi parte antes de que ellos se quedaran con todo. Así que yacía ahí de espaldas, atascada y temiendo mover mi cuerpo apretujado pero sin querer tampoco darme por vencida. Respiré profundamente mientras escuchaba a los chicos gritar con júbilo.

De algo estaba segura al pensar en ellos, que tendrían también que arrastrarse hacia arriba, igual que yo estaba tratando de llegar donde ellos estaban. Por lo menos no estaba sola, lo que significaba que no moriría ahí. Pensé que con toda seguridad me rescatarían si no lograba salir de ahí por mí misma.

Mientras esperaba que Mike y Ray regresaran a buscarme, me preguntaba cómo fue que mi entusiasmo me llevó de nuevo a esa pequeña y divertida aventura.

Mi amigo Mike y yo habíamos viajado al Gran Cañón dos años atrás. Descendimos al Phantom Ranch y volvimos a subir por el borde sur del sendero a Bright Angel en menos de un día. Nos sentíamos orgullosos de ese logro y prometimos que tendríamos más aventuras juntos.

Un día, cuando estábamos en el condado de Marin, me llamó para decirme que su amigo y compañero de trabajo, Ray, un veterano de la marina y experto en tiro, acababa de regresar del condado de Plumas. Había subido a Crystal Mountain cerca de la ciudad de Quincy y volvió a casa con una mochila llena de cristales de cuarzo que había extraído de la montaña.

Mike me preguntó si quería ver los cristales que Ray le había dado. No dejé escapar la oportunidad y acordamos una cita para que él trajera su colección. Cuando observé el tesoro escondido de cristales brillantes y relucientes, quedé más que fascinada al ver que su amigo los había extraído durante los últimos meses de la cima de una montaña.

Le pedí a Mike que me presentara a Ray y que por favor le preguntara si no le importaba que los tres fuéramos a ese lugar antes del final del verano. Quería ver la fuente de esas hermosas piezas de cristal de cuarzo. Si él aceptaba yo podría llevar mi propio vehículo y equipo de campamento y seguirlos. Además, me gustaba la idea de ser lo más independiente posible y así poder irme cuando quisiera.

Ray aceptó verme y llevarnos a Crystal Mountain unas semanas más tarde. Me pareció un ser algo peculiar, pero muy inteligente. Luego me enteré de que había vivido en la tierra del oro de la Sierra Nevada.

La mayoría de las personas que viven allí son muy independientes, únicas y excéntricas. Algunos se ocultan de la ley y son feroces amantes de la libertad. Un par de años atrás, había conocido a un minero que llevaba una pistola en su funda sobre las caderas y usaba un cable y un balde para transportarse alrededor del río Yuba, donde vigilaba su mina de oro.

Este era territorio de oro. Algo que había descubierto al vivir en California del norte y pasar un tiempo en las Sierras, era que dondequiera que hubiera oro, encontraría rocas compuestas de cuarzos y cristales. Pero donde hay cristales de cuarzo, ¡no siempre encontrarás oro!

Ahora entiendo, a Ray nunca le interesaron los cristales. Él y sus amigos iban tras el oro en las montañas de la Sierra Nevada. Esa es probablemente la razón por la que accedió a otra excavación de cristales y me permitió venir. Él ya sabía que no había una veta de oro debajo de ese majestuoso roble y que no existía la posibilidad de exponer un secreto que él deseara guardar.

La ubicación de la ciudad de Quincy era hermosa. Había varios arroyos, riachuelos y ríos con aire limpio, producto de los cientos de miles de pinos de la zona.

Quincy es una comunidad establecida en 1858 a raíz de la fiebre del oro. Hacía más de 50 años que no había habido incendios en los bosques o en las montañas y en 1998 había llovido tanto que las montañas eran un paraíso exuberante y verde con el río Feather recorriendo su reluciente curso a lo largo del valle de Sacramento.

Atragantada de polvo, pensaba en lo difícil que era llegar ahí, en primer lugar.

Tuvimos que tomar un viejo camino forestal que no se había usado en cincuenta años. Las lluvias habían destruido tanto el camino que se tuvieron que derribar y cortar enormes troncos de árboles y transportarlos con cadenas del Servicio Forestal o de una empresa maderera privada para rellenar los enormes surcos que podrían forzar a los camiones madereros a rodar montaña abajo.

Después de un recorrido muy accidentado en un vehículo de tracción de cuatro ruedas, encontramos una señal donde detener nuestra camioneta en el viejo camino. Ray apagó el motor. Miré alrededor buscando un punto de referencia que recordar para volver aquí algún día pero no había nada en realidad que indicara en qué lugar del viejo camino de leñadores estábamos.

Había sido un largo viaje y ni siquiera habíamos comenzado a excavar. Ray sacó los overoles y los lanzó hacia nosotros. Pónganse estos ordenó. No discutimos ni dijimos palabra alguna y rápidamente nos pusimos los overoles sobre nuestra ropa. Entonces comenzó la diversión. Con las mochilas vacías y nuestras herramientas, tuvimos que escalar la empinada montaña usando manos y pies para llegar a la cima.

Cuando llegamos, pudimos ver al otro lado del pico hasta donde el río Feather atraviesa las montañas. Qué hermoso lugar dije, maravillada ante la Madre Naturaleza. ¡Y entonces lo vi! Un hermoso roble que parecía el árbol de la vida, cubierto de extraordinarias hojas, tallos y ramas que se asemejaban a brazos vivientes en vez de ramas. Parecía darnos la bienvenida mientras la brisa agitaba sus hojas.

Me quedé sin aliento cuando Rey dijo: ¡Ese es! ¡Ahí es donde vamos a entrar!. Casi no pude entender lo que él estaba diciendo. Bajo las raíces del árbol, en la pendiente rocosa, había un hoyo excavado tan profundamente que al fondo tenía una cámara donde uno podía ponerse de pie.

Tratando de distraer mi mente mientras esperaba a que los muchachos llenaran sus mochilas con cristales de cuarzo, moví mi linterna para ver mejor dentro del hoyo. Rogando que no se me fuera a caer, pensé que esta sería una buena manera de matar el tiempo si pudiera alumbrar la oscuridad, y fue cuando vi algo.

Figuras diminutas en forma de diamantes parpadeaban como si hubiera interruptores de luces destellantes. Había cientos de puntos de luz, dirigiendo su energía directamente a mis ojos.

Sentí una gran emoción. Moví de nuevo mi linterna y volví a verlos. Colgando del techo del agujero excavado por el hombre, había raíces de árboles, rocas, barro, gotas de agua y ¡cristales! ¡Cristales! Estaba observando un gigantesco joyero lleno de objetos brillantes y mi cabeza daba vueltas.

Nací y fui educada como niña, y aunque a veces me comportaba más como un marimacho con los chicos del vecindario, era imposible alejarme de cualquier cosa que brillara. Y casi a todas las mujeres que conozco les escucho decir lo mismo. Nos fascina todo lo que destella, brilla, resplandece e ilumina.

He tenido trajes, zapatos, joyas, bisutería, sombreros, antifaces, billeteras, bolsas, cojines, cortinas, persianas, luces parpadeantes y todo lo que te llama la atención cuando eres niña.

Mis ojos quedaron extasiados. Había pequeños, grandes y racimos, puntas perfectas y pequeños castillos, claros, lechosos y translúcidos y de algunos cristales caían gotas de agua. Los veía acuñados en racimos en numerosos bolsillos con pequeñas raíces de árbol que sobresalían de la tierra y el barro.

Esto llegaba mucho más allá de mi imaginación que cualquier roca que hubiera recogido del suelo de los desiertos del sudoeste o de mi lugar de juegos favorito cuando era niña: el cañón McKelligon ubicado en la Sierra de Mansos de El Paso, Texas.

Obviamente, yo había comprado cristales de cuarzo en el pasado, pero no tenía la menor idea de cómo se formaban o cómo eran transportados hasta llegar a la mesa de exhibición de un coleccionista de minerales en lugares como Cuarcita, Arizona. Mi mente tenía millones de preguntas listas para Ray o alguien que pudiera entender mi absoluto asombro, inexperiencia e ignorancia. En ese momento de mi vida, no sabía cómo extraer un cristal de su matriz de tierra y barro.

Ahora mi emoción llegaba más allá de la claustrofobia, el cansancio o el calor. ¡Maldito polvo! Voy a hacerlo aunque me queden solo una mano y un brazo para excavarlos.

Empecé a trabajar con el destornillador, cavando y extrayendo y usando las uñas del martillo para atraerlos hacia mí. Saqué tantos como pude y dejé que cayeran cuesta abajo, con la esperanza de que no se perdieran ni quebraran.

Fue solo cuando no pude alcanzar ni un cristal más que me rendí. Además, ¿cuántos de estos hermosos pequeños cristales necesitaba?

Entonces, me deslicé como pude de regreso para salir del hoyo y me dejé caer por la pendiente. Vi los últimos rayos de luz del sol que empezaban a desaparecer convirtiendo el río a lo lejos en una cinta plateada y anaranjada.

UN VIAJE A LAS CUEVAS DE CRISTALES GIGANTES DE SELENITA DE MÉXICO

Miré alrededor y respiré profundamente. Me di cuenta de que estaba cubierta de barro desde la cara hasta mis botas llenas de tierra.

Busqué mi reserva de cristales vírgenes desparramados por el suelo a mi alrededor y no pude creer lo que vi. Estaban recubiertos de una fina capa de tierra oscura. ¿Cómo pudo ocurrir? Estaban completamente despejados bajo el árbol.

Pero, espera un minuto. Miré más de cerca y lo que vi me sorprendió. No se trataba de arcilla o barro negro, sino de un caleidoscopio de hermosos colores metálicos en tonos rosa, cobre, amatista, azul cobalto y oro que recubrían los cristales.

No fue sino hasta años después que supe que así también se forman los arco iris en el interior de los cristales: del agua.

Los cristales estaban húmedos del agua, minerales y dióxido de silicio que escurrían de las puntas de las raíces del roble. Eran cristales vivientes todavía en su fase de crecimiento. Y justo ante mis ojos se secó la película negra para convertirse en un revestimiento de color café claro.

Los mineros y coleccionistas de minerales usan ácido oxálico para limpiar los residuos de cristales y piedras preciosas con el fin de exhibirlos y venderlos ante el mundo y el mineral aparece como cristales perfectamente limpios o como puntos blancos.

Inmediatamente me di cuenta de algo muy importante: estos cristales nunca había visto la luz en todo su período de crecimiento ni nadie los había tocado nunca. ¡Jamás!

Ray y Mike no andaban muy lejos y yo podía escucharlos moverse mientras salían del agujero.

Sus tesoros eran indiscutiblemente hermosos. Grandes drusas con puntas perfectas y algunos con una sola punta, también intactos. Ambos tenían sus mochilas llenas de ellos. Me sorprendió la gran cantidad de cristales que logramos conseguir.

Salí de ese majestuoso roble en pleno verano con una mochila llena de mis propios cristales. Y, sorprendentemente, ¡parecían hablarme!

Los cristales estaban felices de venir a casa conmigo bajo una condición. El mensaje que recibí fue que debía regalarlos, sobre todo a extraños, excepto tres que podía guardar.

Conduje a casa esa noche al Condado Marin en un estado de ensoñación. ¿Cuántas personas en este mundo habían tenido la oportunidad que yo acababa de experimentar? Estaba empezando a darme cuenta de una cosa en este viaje por la vida: cada paso lleva al siguiente. No hay nada al azar ni por casualidad. Y lo que es más importante, hay guardianes o ángeles que nos acompañan en nuestro camino, ayudándonos con nuestras decisiones y brindándonos consejo. Reflexioné profundamente sobre eso mientras consideraba su significado durante mi largo viaje de regreso a casa.

Era 1998 y yo apenas comenzaba a formularme la pregunta: ¿Hacia dónde me conduce esta experiencia? ¿Por qué había estado yo bajo tierra en un entorno oscuro y sin sol? ¿Qué pasa con los cristales? ¿Cuál es su importancia?

Sentía una verdadera curiosidad sobre cuál sería mi siguiente paso. Sabía que la experiencia que acabábamos de vivir los tres tenía un propósito. Me preguntaba de qué se trataría. Por muy hermosos que fueran los cristales, nunca soñé que volvería a un agujero negro ni a meterme en un lugar considerado como uno de los ambientes más hostiles del planeta, donde las personas pierden sus vidas tratando de extraer cristales de esos lugares.

Nunca imaginé que me olvidaría de esa experiencia (ni que la asociaría con alguna de mis experiencias pasadas) en menos de cuatro años. Era inconsciente de que este evento me había preparado en muchos niveles para una de las aventuras más grandes de mi vida.

CAPÍTULO 2

Parque Nacional White Sands, Nuevo México
Años cincuenta

Nací en El Paso Texas, siendo la menor de tres hijos. Mi madre era de Pennsylvania y mi padre provenía de los campos de cristales de Arkansas. Lo que iba a conocer sobre Arkansas en mi futuro me ayudaría a entender la razón de mi gran interés y relación con la geología, los minerales y los cristales.

La ciudad fronteriza de El Paso era un lugar difícil y atemorizante para criar a una familia. Había más de 350.000 habitantes en 1970. Al otro lado de la frontera de los Estados Unidos se encontraba Ciudad Juárez, en México. Posteriormente llegó a conocerse como una de las ciudades más peligrosas de México por el cartel de drogas ilegales de contrabando a los Estados Unidos.

Fue ahí que empezó en serio mi devoción eterna de explorar las montañas, las cuevas y la misteriosa arena blanca de las montañas del desierto. Fue también ahí, donde aprendí a ser más astuta, como resultado de las difíciles lecciones que tuve que vivir. Esas lecciones me prepararon para ser cauta y cuidadosa cuando asumía riesgos en la vida.

Cuando era pequeña, solía preguntarle a mis padres "¿De dónde vengo?" Se reían y se burlaban de mí diciéndome: "Te encontramos bajo una roca". Los miraba completamente sorprendida ya que mi pequeña mente no podía comprender lo que ellos trataban de decirme. Para mí era algo muy serio y los acosaba constantemente con preguntas sobre los orígenes de esa roca.

A los cuatro años consideré la verdad sobre la identidad de esa roca. Pero entonces, ¿qué tipo de roca era? ¿dónde estaba? ¿teníamos que conducir para encontrarla y que yo pudiera verla? ¿o estaba en nuestro patio trasero? ¿estaba en el hospital? ¿dónde podría encontrar esa roca?

Esta línea de interrogatorio incluyó a toda la familia, por lo que era inútil preguntarle a mi hermano y hermana mayores si sabían algo más sobre el origen de esa roca. Pensaban que todo este asunto era bastante divertido y también insistían en que era cierto que me habían encontrado bajo una roca, pero no me daban más detalles.

Esto me ha hecho reír mucho a lo largo de los años a medida que crecía y me enamoraba de las rocas, los cristales y las gemas. Quizás es por eso que estaba buscando constantemente piedras brillantes y relucientes que encontraría en el cañón de la Sierra de los Mansos y que embellecían el horizonte occidental de El Paso, mi pueblo natal. Además, los fósiles que encontraría en el desierto al sureste de El Paso cerca de las Cavernas de Carlsbad, Nuevo México también serían de gran interés y un misterio para mí.

Me encantaba ir al Cañón McKelligon en la Sierra de los Mansos de El Paso a disfrutar de un picnic con mi familia y explorar las empinadas laderas rocosas. Creía que si seguía buscando y escalando la montaña cada vez más alto, iba a encontrar esa roca tan especial bajo la cual había nacido.

Sin embargo, nunca logré encontrar esa roca y con el tiempo, mi ávida curiosidad me llevó siempre a buscar el siguiente cañón o cúspide de montaña para explorar y continuar creciendo.

Recuerdo mi primera visita al monumento nacional de White Sands en el sur de Nuevo México, ubicado a 45 kilómetros de El Paso, Texas. Fue allí que comprendí la conexión de la selenita con las cuevas de cristales gigantes de Naica.

El campo de dunas de yeso más grande del mundo está localizado en el Monumento Nacional White Sands al centro y sur de Nuevo México. Esta región de dunas blancas brillantes queda en el extremo norte del desierto de Chihuahua en un "valle drenado internamente" llamado la Cuenca del Tularosa. El monumento varía en elevación de 1185 a 1254 metros sobre el nivel del mar. Hay aproximadamente 442.5 km² de campos de dunas, de los cuales 185 km² (alrededor del 40%) están ubicados en el interior del Monumento Nacional White Sands. El resto de las dunas se encuentra en tierras militares (Rango de Misiles White Sands) que no está abierto al público.

Este campo de dunas es muy dinámico, donde las dunas más activas se mueven hacia el noreste a una velocidad de nueve metros por año, mientras que las zonas más estables de arena se mueven muy poco. El yeso puro (sulfato de calcio hidratado) que forma estas inusuales dunas se origina en la porción occidental del monumento, de un lago temporal o playa con un alto contenido mineral. Cuando el agua se evapora (teóricamente hasta 203 centímetros al año), los minerales se quedan para formar depósitos de yeso que finalmente son transportados por el viento y forman estas dunas de arena blanca. Muchas especies de plantas y animales han desarrollado métodos de supervivencia muy especializados en esta zona de inviernos fríos, veranos calurosos, con muy poca agua en la superficie y aguas subterráneas altamente mineralizadas.

Era un sábado, temprano en la mañana, cuando salimos en familia a pasear en auto fuera de la ciudad. Acababa de terminar mi primer año de escuela primaria y era el comienzo del verano.

Pasamos un largo trecho a través de un desierto seco y árido que me pareció un lugar muy solitario al verlo desde las ventanas de nuestra camioneta. Había edificios abandonados a lo largo de la vieja carretera estatal 70, como un viejo café con ventanas rotas y letreros pintados donde faltaban letras, desteñidos por el intenso calor de innumerables veranos bajo el sol del desierto.

Me preguntaba qué podría ser más interesante en el mundo que las rocas y las montañas. Era evidente que no nos dirigíamos hacia las montañas. Estaba segura de que este paseo no iba a ser nada divertido mientras observaba el suelo árido del desierto desfilar ante nosotros.

En la entrada, el guardabosques nos entregó un mapa y nos dijo que no era permitido cruzar ninguna de las fronteras que marcaban la entrada a la sección del rango de misiles de las arenas. Era estrictamente prohibido y con consecuencias jurídicas por allanamiento.

Escuché a mi padre decir años después que ahí había sido donde Werner Von Braun, el famoso científico alemán, había sido traído cuando llegó a los Estados Unidos para colaborar con la carrera espacial en la década de los cincuenta. Se trataba de un ingeniero aeroespacial y arquitecto espacial a quien se le atribuyó la invención del cohete V-2 para la Alemania nazi y el Saturno V para los Estados Unidos. Fue una de las figuras principales del desarrollo de la tecnología de cohetes en la Alemania nazi, donde fue miembro del Partido Nazi y las SS. Después de la Segunda Guerra Mundial, fue trasladado a los Estados Unidos, junto con otros 1500 científicos, técnicos e ingenieros, como parte de la Operación Paperclip, donde desarrolló los cohetes que lanzaron el primer satélite espacial Explorer 1, y el programa Apolo de alunizajes tripulados.

Cuando visitábamos Las Cruces, de vez en cuando veíamos un montón de luces extrañas procedentes de las Montañas Organ que colindaban con el rango de misiles. También se escuchaban muchos ruidos extraños como de explosiones. Probablemente procedían de las pruebas de bombas subterráneas y de las pruebas de lanzamiento de misiles, desde comienzos de la década de los cuarenta.

El guardabosques nos dio instrucciones estrictas. Solo podíamos circular por el camino designado para entrar y salir del parque. Aparte de eso, éramos libres de explorar los gigantes montículos de arena y jugar en ellos. Me preguntaba que había ahí tan prohibido que no podíamos verlo. Más adelante, encontraría partes fragmentadas de misiles que habían explotado y aterrizado en el parque.

Estaba un poco confundida puesto que hacia donde quiera que dirigiera mi mirada lo único que veía era arena completamente blanca. Le pregunté a mi mamá si había nevado y si íbamos a necesitar nuestras chaquetas. Ella se rio y dijo: Por supuesto que no. ¡Es arena blanca, no nieve! Pues bien, yo no estaba tan segura de eso. El lugar era enorme y la arena se extendía por kilómetros y kilómetros. Los caminos estaban cubiertos de esta arena blanca como si fuera nieve.

Salimos del auto con nuestra cesta de picnic y la colocamos sobre una de las mesas. Hacía calor afuera, lo cual contrastaba con el aire acondicionado de la camioneta en la que habíamos viajado. Empezaba a emocionarme. Esta arena era absolutamente brillante y reluciente como la nieve. No teníamos sombreros ni lentes de sol, lo cual en verdad habría ayudado.

No podía ver más allá de los altos montículos y eso significaba que tendría que escalar bastante. ¿Qué podría encontrar en la siguiente duna de arena? Pasamos todo el día jugando en esa arena. Me deslicé dando vueltas desde lo alto de los montículos, llenando de arena mi cabello, ojos, nariz y boca.

No fue sino hasta muchos años después del año 2000, cuando se descubrieron los cristales gigantes, que comencé mis investigaciones al respecto en la zona del desierto de Chihuahua y empecé a establecer las conexiones en mi mente. Las enormes dunas de arena blanca eran el resultado de cristales de selenita de yeso desgastados por la erosión eólica e hídrica durante cientos de miles de años.

El yeso natural se encuentra raramente en forma de arena puesto que es soluble en agua. Normalmente, la lluvia disuelve el yeso y lo conduce al mar. La cuenca del Tularosa está encerrada, es decir que no tiene salida al mar. Las lluvias torrenciales disolvieron los minerales y el yeso que rodean las montañas de San Andrés y Sacramento y quedaron atrapados dentro de la cuenca. De esta forma, el agua penetra el suelo o forma estanques superficiales que posteriormente se secan y dejan el yeso natural en forma cristalina selenita en la superficie.

Las aguas subterráneas que fluyen de la cuenca del Tularosa se dirigen al sur hacia la Cuenca del Hueco. Durante la última era glaciar, un lago conocido como el Lago Otero cubría gran parte de la cuenca. Cuando se secó, dejó una gran planicie de cristales de selenita que se conoce hoy en día como Alkali Flat. Otro lago, el Lago Lucero, en la esquina suroeste del parque, es el lecho seco de un lago, en uno de los puntos más bajos de la cuenca, y que ocasionalmente se llena de agua.

El suelo en Alkali Flat y la playa del lago Lucero están cubiertos de cristales de selenita que alcanzan hasta un metro de longitud. Las condiciones meteorológicas y la erosión terminaron por romper los cristales en granos del tamaño de la arena que fueron transportados por los vientos predominantes del suroeste, formando dunas blancas. Las dunas cambian constantemente de forma y se mueven lentamente en la dirección del viento. Dado que el yeso es soluble en agua, la arena que compone las dunas se puede disolver y endurecer después de la lluvia, formando una capa de arena más sólida y que podría afectar la resistencia de las dunas frente al viento. Esta resistencia no impide que las dunas, en su recorrido, cubran rápidamente todas las plantas. Sin embargo, algunas especies de plantas pueden crecer con la rapidez suficiente y evitar ser enterradas por las dunas.

A diferencia de las dunas de arena conformadas por cristales de cuarzo, el yeso no convierte fácilmente en calor la energía del sol, por lo que uno puede caminar con los pies descalzos, incluso en los meses más cálidos del verano. En las zonas accesibles por automóvil, los niños suelen utilizar las dunas para deslizarse en trineos cuesta abajo.

Teniendo en cuenta que el parque se encuentra por completo en el interior del Rango de Misiles White Sands, tanto el parque como la carretera 70 entre Las Cruces, Nuevo México y Alamogordo están sujetos a cierres por razones de seguridad cuando se realizan pruebas dentro del rango de los misiles. En promedio, las pruebas se conducen dos veces por semana, con una duración de una a dos horas.

Situado en el norte de las fronteras del Rango de Misiles de White Sands, se encuentra el Trinity Site. Allí es donde se detonó en julio de 1945 la primera bomba atómica de la historia de la humanidad. Un terrible hito en la historia, este lugar es donde la habilidad de un puñado de ambiciosos científicos para destruir a miles, si no millones de personas, con una bomba de horribles proporciones, fue considerado un orgullo del futuro del poderío militar de los Estados Unidos para detener a Hitler.

¿Cómo habrá sido este lugar hace un millón de años? ¿Habría una multitud de cristales pequeños o grandes viviendo en los lechos de sal? ¿Qué pasó con todos los enormes depósitos de agua? ¿Y qué habría ahora bajo el lecho seco del lago?

Todas estas preguntas me llevaron a comprender que hay una vasta red de retículas invisibles que conectan la energía de un lugar con otro. También existe un gigantesco sistema acuífero debajo de este interminable desierto. El Parque Nacional White Sands estaba definitivamente conectado con Naica, donde se descubrieron los cristales gigantes de selenita.

En la época de mi exploración de las cuevas gigantescas en el año 2001, yo no conocía la conformación del yeso ni que los cristales de selenita eran la versión cristalizada del yeso, también conocido como sulfato de calcio hidratado.

Tenía que asimilar muchísima información y me tomaría años aprender mucho más sobre los cristales y sus hábitos.

Este era el ejemplo perfecto de que un paso me conducía al siguiente. Desde edad muy temprana, había recibido un baño de cristales de selenita y el Monumento Nacional de White Sands era prácticamente mi patio trasero. Y Naica, México estaba a solo 320 kilómetros al sur de El Paso.

Tenía la extraña sensación de que mi yo del futuro se entrelazaba con mis experiencias pasadas conduciéndome hacia un camino donde podría descifrar los misterios relacionados con los cristales de selenita.

CAPÍTULO 3

El Gran Cañón de Arizona
Primavera de 1986

Después de unos años de universidad, me mudé a Arizona. Este era un lugar como ningún otro, con sus majestuosos cañones, lagos con cactus como el Saguaro de apariencia extraña y la increíble belleza de las Montañas del Desierto y las mesetas.

Había sido bendecida con un amor profundo hacia la naturaleza y una gran curiosidad por la aventura. Esto incluía recorrer una cordillera o buscar petroglifos indígenas escondidos detrás de las rocas. Escalar peñas se convirtió en mi segunda naturaleza.

Era un día fresco de otoño de 1986 cuando Tomi, una amiga, me convenció de ir al Gran Cañón y pasar la noche en el borde meridional.

Llevaba varios meses deprimida lidiando con un terrible accidente automovilístico que había dejado al hombre que amaba paralizado de por vida. Jamás se recuperaría de ese daño traumático y devastador. El dolor que sentía de saber que no seguiríamos juntos, superaba mi capacidad de enfrentar la situación.

Tomi llevaba semanas animándome a salir con ella a explorar la naturaleza y el aire libre de Arizona. Había planeado un viaje de negocios al Gran Cañón y me invitó a compartir su habitación de hotel con ella.

Habíamos llegado temprano en la tarde, y a medida que nos dirigíamos hacia el borde del cañón y miramos a nuestro alrededor los 1800 metros de terreno desierto, vimos al fondo un pequeño sendero que se extendía hacia el río y se desvanecía en una meseta.

¿Qué rayos es ese pequeño sendero que conduce a lo más profundo del cañón? pregunté. Tomi rio y respondió:

Es el sendero Bright Angel que conduce a Phantom Ranch y al poderoso río Colorado respondió Tomi exhibiendo una gran sonrisa.

Sintiendo una enorme curiosidad y deseo de recorrer ese sendero, me dediqué a investigar un poco más sobre ese lugar extraordinario: El Gran Cañón es una gran fisura en la meseta de Colorado. Geológicamente, es importante debido a la espesa capa de rocas antiguas muy bien conservadas y expuestas en las paredes del cañón. Estas capas de roca registran gran parte de la historia geológica del continente norteamericano.

La elevación asociada con la formación de la montaña empujó más adelante estos sedimentos miles de metros hacia arriba creando la meseta del Colorado. La mayor elevación ha dado lugar también a una mayor precipitación en la cuenca del río Colorado, pero no lo suficiente como para transformar el área del Gran Cañón que sigue siendo semiárido. La elevación de la meseta del Colorado es desigual, y la meseta Kaibab que divide el Gran Cañón es 300 metros más elevada en el borde norte que en el borde meridional.

Casi todas las escorrentías del borde norte (que también recibe más lluvia y nieve) fluyen hacia el Gran Cañón, aunque la mayor parte de la escorrentía de la meseta que está detrás del borde meridional fluye alejándose del cañón (siguiendo la inclinación general). El resultado es afluentes y cañones más profundos y más largos en la parte norte y cañones más cortos y más inclinados en el lado sur.

Las temperaturas en el borde norte suelen ser más bajas que las del sur debido a la mayor elevación (un promedio de 2438 metros sobre el nivel del mar). Las lluvias torrenciales son comunes en ambos bordes durante los meses de verano. El Gran Cañón es parte de la cuenca del río Colorado que se ha desarrollado durante los últimos 70 millones de años.

Investigaciones recientes declaran: **¡Se revela el misterio de la formación del Gran Cañón! Live Science - 28 de abril de 2011**. *El nacimiento del Gran Cañón y la meseta del Colorado a través de la cual se esculpió, han sido un misterio geológico. Ahora, una estructura anómala gigante descubierta en la parte inferior de la meseta podría arrojar luz sobre su formación. En los últimos 70 millones de años, y posiblemente, muy recientemente, la relativamente plana meseta de Colorado del suroeste de los Estados Unidos (336.000 kilómetros cuadrados) que se extiende a través de Colorado, Utah, Arizona y Nuevo México se* *elevó aproximadamente dos kilómetros, fue invadida por el magma y erosionada en profundos valles, creando un paisaje espectacular que incluye el Gran Cañón. Este tipo de comportamiento es más común en las cadenas montañosas y no en las mesetas, por lo que estos eventos han dejado perplejos a los geólogos por más de un siglo.*

El cañón es el resultado de la erosión que genera una de las columnas geológicas más completas del planeta.

Los principales afloramientos geológicos del Gran Cañón varían en edad, desde 2000 millones de años como el Esquisto Visnú en el fondo del barranco hasta la Caliza de Kaibab de 230 millones de años en el borde. Existe una brecha de aproximadamente mil millones de años entre el estrato de 500 millones de edad y el nivel que está debajo, que data de hace 1.5 mil millones de años. Esta gran discordancia indica un período de erosión entre dos períodos de sedimentación.

Muchas de las formaciones fueron depositadas en mares cálidos y poco profundos, en medio ambientes costeros (como playas), y pantanos a medida que la orilla del mar avanzaba y retrocedía en repetidas ocasiones al borde de una proto-Norteamérica. Las principales excepciones son la arenisca Coconino del Pérmico, que contiene abundantes evidencias geológicas de sedimentación de dunas de arena eólica. Varios estratos del Grupo Supai se depositaron en entornos que no fueron marinos.

La gran profundidad del Gran Cañón y especialmente la altura de sus estratos (la mayoría de los cuales se formaron por debajo del nivel del mar) se pueden atribuir a la elevación de la meseta del Colorado de 1.500 a 3.000 metros, comenzando alrededor de 70 millones de años atrás. Esta elevación incrementó la pendiente de flujo del río Colorado y sus afluentes, que a su vez incrementaron su velocidad y por ende, su capacidad de perforar las rocas.

Las condiciones meteorológicas durante las eras glaciares también aumentaron el volumen de agua de la cuenca del río Colorado. El ancestral río Colorado respondió abriéndose camino más rápidamente y más profundamente.

El nivel básico y el curso del río Colorado (o su equivalente ancestral) cambió hace 5.3 millones de años atrás cuando se abrió el Golfo de California y redujo el nivel básico del río (su punto más bajo). Esto incrementó la tasa de erosión y disminuyó casi todas las profundidades de las corrientes del gran Cañón hace 1,2 millones de años. Las paredes en forma de terrazas del cañón se crearon por erosión diferencial.

Entre unos 100.000 y 3 millones de años atrás, la actividad volcánica produjo depósitos de ceniza y lava sobre el área que, en ocasiones, obstruyeron el río por completo. Esas rocas volcánicas son las más jóvenes del cañón.

Leer e investigar sobre el Cañón era lo único que necesitaba para atizar mi curiosidad y mi deseo de llegar al fondo donde se encontraba el Phantom Ranch y acampar para pasar la noche a la orilla del río Colorado. Inmediatamente comencé a planear mi primer recorrido importante por el Gran Cañón con Tomi.

Estas aventuras de senderismo me estaban preparando para un nivel de resistencia que iba a necesitar en el futuro y me revelaron una gran determinación de la cual no me creía capaz.

Ese primer viaje bajando por el Gran Cañón era un evento de treinta y seis horas, donde descendimos y volvimos a ascender después de pasar la noche en Phantom Ranch. Fue un viaje redondo de unos 32 kilómetros que me exigió hasta el último gramo de energía cuando nos arrastramos subiendo hacia el borde meridional desde el sendero.

Habíamos comenzado a las seis de la mañana con apenas una mochila y ropa abrigada a 2100 metros de altura. Hacía frío. Tuvimos que cargar cantidades de agua y comida lo cual hacía que nuestra mochila pesara mucho. Temíamos el intenso calor al avanzar el día y tener que cargar con la ropa pesada, pero todo esto sería esencial al regresar al final de la jornada.

El camino de ida no era tan difícil pero mis pies no estaban acostumbrados a usar zapatos por un periodo de tiempo tan largo y el calor los hacía sudar. Así comenzaron a formarse las ampollas de mis talones.

El calor iba en aumento con cada kilómetro que descendíamos en el cañón. Ambas soñábamos con bañarnos en las frías aguas del río Colorado cuando llegáramos a Phantom Ranch.

Los nativos americanos utilizaron el sitio del rancho. Se encontraron pozos y una kiva ceremonial del año 1050. La primera visita documentada de los europeos tuvo lugar en 1869, cuando John Wesley Powell y su compañía acamparon en su playa. Los buscadores de oro comenzaron a utilizar la zona en la década de 1890, empleando mulas para transportar su mineral.

Era casi de noche cuando llegamos a la cima del sendero Bright Angel. La luna llena flotaba sobre nosotros como un globo gigantesco de aire caliente por encima de nuestras cabezas. Parecía que si estirábamos la mano podríamos tocar el gigantesco orbe que iluminaba todo lo que había en el cañón. La luz de la luna nos hacía creer que el borde norte estaba justo al alcance de nuestro brazo en vez de la distancia de 15 kilómetros de borde a borde, cuando mirábamos hacia el norte desde la perspectiva de la orilla meridional. De hecho, nuestra visión parecía surreal, después de esa caminata que afectó nuestras mentes.

Con los músculos adoloridos y una sensación de profunda satisfacción, condujimos a casa en silencio bajo un cielo nocturno lleno de estrellas mientras nos dirigíamos al sur hacia Phoenix.

Ese sería el comienzo de varios viajes al cañón que haría en los años venideros. Sentía más que curiosidad por conocer su historia y los extraños acontecimientos que se registraban en ese lugar.

Tales como el informe de G. E. Kinkaid publicado en la Gaceta de Arizona el 5 de abril de 1909: Toda su vida fue un explorador y cazador, y trabajó treinta años para el Instituto Smithsoniano. A continuación encontramos extractos de su diario de aventuras en el Gran Cañón.

"Viajaba solo por el río Colorado en un bote, buscando minerales. Unos 68 km más adelante en el río, partiendo del Cañón de Cristal El Tovar, observé en el muro oriental, manchas en la formación sedimentaria a unos 600 metros por encima del lecho del río. No existía un sendero hasta ese punto, pero finalmente logré llegar con gran dificultad.

Se supone que esta pared del acantilado es el lugar de entrada a la misteriosa ciudadela bajo tierra.

La entrada está a 453 metros descendiendo por la pared perpendicular del gran cañón. Sobre una roca sobresaliente que no podía ser vista desde el río, se encontraba la boca de la cueva. Había unos 27 metros de escalones que conducían desde la entrada hasta lo que había sido en ese tiempo el nivel del río.

Cuando vi las marcas de cincel en la pared interior de la entrada, me interesé. Asegurando mi arma, entré.

Recolecté una serie de reliquias que llevé desde Colorado a Yuma, en donde las envié por transporte a Washington con los detalles del descubrimiento. Después de esto, se llevaron a cabo otras exploraciones. Los científicos estaban tan interesados, que se hicieron preparativos para equipar nuestro campamento para hacer estudios más amplios, y el número de arqueólogos aumentó de 30 a 40.

Desde el largo pasaje principal, se descubrió otra cámara colosal de la cual surgían numerosos pasillos, como los radios de una rueda.

Se descubrieron varios cientos de habitaciones, a las cuales se llega a través de pasillos que se originan en la sala principal, uno de ellos fue explorado hasta los 260 metros y el otro hasta los 193 metros. Los descubrimientos recientes incluyen artículos nunca reconocidos como propios de este país y que sin duda tuvieron su origen en el oriente. Armas de guerra, instrumentos de cobre, afilados y duros como el acero, indican el alto grado de civilización alcanzado por estas personas.

El pasaje principal mide unos 3.6 metros de ancho, llegando a estrecharse hasta los 2.7 metros en el extremo más lejano. A unos 17 m de la entrada, los primeros pasajes laterales se ramifican a diestra y siniestra, a partir de los cuales, en ambos lados, surge un número de recintos de aproximadamente el tamaño de las salas de estar ordinarias actuales, algunas miden 9×12 m². Se entra a estos recintos a través de puertas ovaladas y cuya ventilación ingresa por espacios redondos que hay en las paredes y que se comunican con los pasajes. Las paredes miden aproximadamente un metro de espesor.

Los pasajes fueron cincelados o tallados con la precisión digna de un ingeniero. Los techos de muchas de las habitaciones convergen en un centro. Los pasajes laterales cerca de la entrada corren en ángulo agudo desde la sala principal, pero a medida que se acercan al final su dirección cambia gradualmente al ángulo recto.

A más de unos treinta metros desde la entrada se encuentra la sala en forma de cruz de varias decenas de metros de largo, en donde se encuentra el ídolo, o imagen, del dios de ese pueblo, sentado con las piernas cruzadas, con una flor de loto o lirio en cada mano. La fisonomía del rostro es oriental. El ídolo se asemeja a Buda, aunque los científicos no están seguros del culto religioso que representa. Teniendo en cuenta todo lo encontrado hasta ahora, es posible que este culto se parezca más al del antiguo pueblo del Tíbet.

Alrededor de este ídolo se encuentran imágenes más pequeñas, algunas muy hermosas, otras con los cuellos retorcidos y de formas distorsionadas, probablemente símbolos del bien y del mal. Hay dos grandes cactus con ramas salientes, una a cada lado de la tarima donde se encuentra el dios en cuclillas. Todo esto ha sido tallado en una roca sólida similar al mármol.

En la esquina opuesta de la sala en forma de cruz se encontraron herramientas de todo tipo fabricadas en cobre. Indudablemente, estos individuos conocían el arte ya perdido de endurecer este metal, que los químicos han buscado durante siglos sin resultado.

En un banco a lo largo del taller se encontraron restos de carbón y otros materiales que fueron probablemente utilizados en el proceso. También había restos de escoria y productos similares al cobre en bruto, lo que demostraba que estos ancestros fundían los metales, pero hasta el día de hoy no hay rastro de dónde o cómo se hizo, ni del origen del mineral.

Entre otros descubrimientos, se encuentran vasijas o urnas y tazas de cobre y oro, muy artísticas en su diseño. El trabajo de cerámica incluye cerámica esmaltada y vidriada.

Otro pasadizo conduce a graneros como los que se encuentran en los templos orientales. Contienen semillas de diversos tipos. Todavía no se ha logrado entrar a una bodega muy grande, ya que se encuentra a una altura de casi cuatro metros y solo se puede acceder desde arriba.

Dos ganchos de cobre sobresalen del borde, lo que indica que existía algún tipo de escalera. Estos graneros son circulares, y en cuanto a los materiales con los que se construyeron, según creo, es cemento muy duro. También se ha encontrado un metal gris en esta caverna que confunde a los científicos, puesto que no se ha podido establecer su *identidad. Se asemeja al platino. Esparcido de forma aleatoria en el piso y por todas partes, se encuentra algo llamado "ojos de gato", una piedra amarilla sin gran valor. Cada una está grabada con una cabeza de tipo malasio.*

Grabados en todas las urnas, en las puertas y tablillas de piedra, se encuentran misteriosos jeroglíficos cuya clave espera descubrir el Instituto Smithsoniano. Los grabados de las tablillas probablemente tienen algo que ver con la religión de ese pueblo. Jeroglíficos similares se han encontrado en el sur de Arizona.

Entre los grabados pictóricos, solo se encuentran dos animales: uno de ellos parece prehistórico.

La tumba o cripta en la que se encontraron las momias es una de las cámaras más grandes, cuyas paredes están inclinadas en un ángulo de unos 35 grados. Ahí se encuentran varias capas de momias, y cada una ocupa su propio estante. A la cabeza de cada una se encuentra un pequeño banco, sobre el cual se encontraron tasas de cobre y pedazos de espadas rotas. Algunas de las momias aparecen cubiertas de arcilla y todas están envueltas en una tela de corteza.

Las urnas o tazas de los niveles inferiores son ordinarias, mientras que en los estantes más altos, las urnas son mejores en diseño, mostrando una etapa posterior de la civilización. Es digno de notar que todas las momias examinadas hasta ahora han demostrado ser de hombres, no se enterraron en ese lugar niños ni mujeres. Esto lleva a la conclusión de que esta sección externa correspondía a las barracas de los guerreros.

Entre los descubrimientos no se han encontrado huesos de animales, pieles, vestuario ni ropa de cama. Muchas de las habitaciones contienen únicamente recipientes de agua.

Una cámara de unos 12×30 metros era probablemente el comedor principal, puesto que ahí se encontraron utensilios de cocina. No se sabe de qué vivía este pueblo, aunque se presume que en el invierno se dirigían hacia el sur y cultivaban sus alimentos en los valles, regresando al norte durante el verano.

Más de 50.000 personas podían haber vivido en las cavernas cómodamente. Una teoría es que las tribus indígenas actuales que se encuentran en Arizona son descendientes de los siervos o esclavos del pueblo que habitaba la cueva.

Sin duda alguna, varios miles de años antes de la era cristiana, aquí vivió un pueblo que llegó a un alto nivel de civilización. La cronología de la historia humana está llena de lagunas.

No he mencionado algo que puede ser de interés. Hay una cámara del pasadizo que no está ventilada, y cuando uno se acerca a ella, emana un olor mortecino y como de serpiente que nos dejó aturdidos. Nuestra luz no lograba penetrar la cámara, y hasta que no tengamos lámparas más intensas disponibles, no sabremos lo que contiene la cámara. Algunos creen que se trata de serpientes, pero otros creen que puede contener un gas mortal o químicos utilizados por los antiguos. No se escucha ningún sonido, pero igualmente huele a serpiente.

El conjunto de la instalación subterránea nos puso a todos los pelos de punta. La sensación lúgubre es como un peso que uno carga sobre los hombros y nuestras linternas y velas apenas hacen que la oscuridad se vuelva más negra. La imaginación puede deleitarse con las conjeturas y ensoñaciones perversas que retornan a la época transcurrida, hasta que la mente divague vertiginosamente en el espacio". Por G.E.Kinkaid. ¿Qué otros secretos y fenómenos extraños guarda el cañón?

CAPÍTULO 4

Temazcales y visiones – Carefree, Arizona
Diciembre de 1993

Experimenté mi primer temazcal y ayuno en el desierto cerca de Carefree, Arizona en diciembre de 1993. Sabía que ayunar durante 24 horas iba a ser muy difícil para mí y que me iba a sacar de mi zona de confort.

Algunas personas llegan temprano a un temazcal, pagan la cuota y están presentes cuando comienza la ceremonia, pero mis amigos y yo íbamos a crear la estructura con ramas y piedras que debíamos buscar en el desierto. Eso formaba parte del proceso de purificación, como preparación para el temazcal.

Nos habíamos levantado temprano el sábado por la mañana y condujimos hacia el este en dirección a Fountain Hills en busca de rocas de lava para nuestra fogata en las colinas del desierto.

Habíamos encontrado un área cerca del aviso que prohibía ingresar a la sagrada Montaña Roja que había sido parte de la reserva indígena Yavapai. Este sitio tenía suficientes conos de ceniza volcánica diseminados por todas partes. Logramos recolectar rápidamente las cuarenta piedras y colocarlas en la parte trasera de la camioneta para calentar el temazcal y hacer la fogata.

Caminar, escalar y recoger piedras algo pesadas con el estómago vacío me hacía sentir un poco débil, pero apenas empezábamos nuestra aventura. La recolección de piedras se hizo un poco más fácil teniendo en cuenta que éramos cuatro personas.

Empezamos a conducir un camión lleno de rocas de lava de regreso en dirección este y luego hacia el norte por un camino de tierra. Al cabo de poco tiempo, encontramos un arroyo (un lecho seco) con arena suave que podíamos usar como un sitio nivelado para nuestro futuro temazcal.

Después de llegar, sacamos unos machetes viejos de la camioneta y empezamos a caminar por el desierto cortando a nuestro paso algunas ramas de ocotillo con espinas muy afiladas.

Con guantes bien gruesos tomamos con cuidado las ramas de dos metros y con los cuchillos les quitamos las espinas y usamos los troncos verdes y flexibles como postes que soportarían la pequeña estructura en forma de domo. Luego usaríamos cobijas y plástico negro para envolver la cúpula y mantener así el calor y el vapor al interior de nuestro temazcal.

Eso no era tarea fácil para mí debido al ayuno y a que empezaba a marearme un poco bajo el sol y a soñar que era una guerrera nativa americana. Llevar un machete en la mano derecha me parecía totalmente natural. Nunca antes había tenido uno en mis manos. Estaba pensando en las vidas pasadas y si tal vez en una de ellas yo había sido un guerrero nativo americano o vivido en esa zona en otro tiempo.

Una vez construido nuestro domo, prendimos una fogata gigante con toda la leña que habíamos colocado sobre la cama de rocas de lava y dejamos que el fuego intensificara el calor de las piedras.

Abrimos un hoyo profundo en la tierra dentro del temazcal para depositar ahí las rocas que sostuvimos con los cuernos de ciervos sagrados. Acomodamos las rocas una por una hasta que el hoyo quedó cubierto por esas piedras súper calientes.

En preparación para entrar al temazcal, nuestro líder nos cubrió con humo de salvia, esparciéndolo sobre nosotros con la pluma de un águila. Enseguida entramos al temazcal gateando en dirección de las manecillas del reloj, hacia el sol, inclinándonos en humildad ante el Gran Espíritu Creador. Sintiéndonos en contacto directo con la Madre Tierra, ocupamos nuestro lugar en el círculo, con las piernas cruzadas y la espalda recta contra las paredes del temazcal.

Entonces empezamos lo que llamamos las puertas. En silencio, pedimos orientación para que cada uno de nosotros viera lo que tenía que ver en nuestra vida personal. Empezamos a quitar las capas de nuestra psique como pelando una cebolla. Era profundamente personal. Nadie tomó esto como un proceso fácil de expresar. Crear el temazcal había sido un día físicamente agotador para nosotros. Cada uno quería tener realmente un momento sagrado con el Gran Espíritu o Divinidad.

Sentados en silencio, empapados en sudor, se llenó de agua un cubo de madera con cucharón y se rociaron las piedras para crear vapor e intensificar así nuestra purificación. Comencé a sumergirme cada vez más en mi propia conciencia.

Había sido un año difícil para mí. Mi identidad como agente inmobiliaria comercial se había disuelto por completo desde que mi novio había quedado paralizado en su accidente automovilístico de 1986. A medida que mis ingresos iban disminuyendo, había intentado sin éxito entusiasmarme o lograr salir a flote con otros empleos. Estaba llegando a mis límites y trataba de encontrar una solución. Estaba deprimida y ya no tenía deseos de que ganar dinero fuera mi máxima meta en la vida. Sin embargo, todavía estaba lejos de encontrar cualquier respuesta al respecto o descubrir mi propósito del alma.

Hasta ese momento de mi vida, no había considerado casi nunca alguna búsqueda espiritual. Amaba la naturaleza y la considerada mi mejor compañía cuando necesitaba apoyo y cariño. Sin embargo, seguía tratando de entenderlo todo con mi mente y eso no me conducía a ninguna parte. Fue en ese momento que estuve casi a punto de rendirme al ver que no era capaz de resolver los problemas de mi supuesta crisis de identidad. Si un temazcal podía brindarme la oportunidad de recibir revelaciones o visiones, me entregaría a eso por completo.

Media hora en el temazcal con piedras abrazadoras era una experiencia intensa. Cuando ya no podíamos tolerar el calor, uno por uno, nos arrastrábamos fuera hacia el aire invernal del ahora ocaso, para permitir que el sudor se evapore. Luego se iniciaba la siguiente puerta. Todos estábamos decididos a permanecer un mayor tiempo en el temazcal que el de la última puerta. Sin embargo, nos dimos cuenta que apenas podíamos permanecer un tiempo más breve en la siguiente puerta.

En la tercera puerta, me comenzó a llegar una visión muy clara. Nunca olvidaré lo que vi. Me lo mostraron una y otra vez mientras estaba sentada en meditación silenciosa con mis ojos cerrados y respirando lentamente a medida que soportaba el calor agonizante.

Visualicé el feto de un bebé humano con sus ojos cerrados siendo extraído de la placenta y la sangre del vientre materno. Comprendí que ese bebé era yo y que estaba dando a luz a una nueva versión de mí misma. Mi pasado estaba muriendo y mi vieja identidad estaba siendo desechada como la piel de una serpiente. Fue una poderosa visión y quedé fascinada. No recuerdo haber tenido una visión alguna vez. Me preguntaba hacia donde me conducía esa visión.

Cuando rompimos el ayuno después de la cuarta y última puerta, ninguno de nosotros habló de nuestras vivencias personales. Mi amigo me sonrió viéndome romper algunas barreras que ni siquiera yo sabía que existían en mi interior. Luego desbaratamos nuestro temazcal asegurándonos de no dejar rastro de nuestra actividad en el arroyo seco y regresamos a casa en Phoenix.

Después de eso, las cosas comenzaron a acelerarse rápidamente para mí. En enero visité unos amigos cercanos en el sur de California para incursionar en los planos internos de la medicina con el fin de explorar la conciencia.

Esto me mostró el nivel de abandono y el odio hacia uno mismo del que yo no estaba al tanto y me permitió atisbar por primera vez la manera de regresar a una conciencia de amor y perdón hacia mí misma y hacia los demás.

Recuerdo que en el camino de regreso a Phoenix, lloré durante todo el trayecto. Las lágrimas continuaron una semana más después de mi regreso. Estaba profundamente triste y perturbada. No lograba encontrar la verdadera respuesta al motivo de mi reacción. Supe en ese momento que no me quedaría mucho tiempo más viviendo en Phoenix ni seguiría con mis costumbres viejas y familiares. Esta identidad no se sentía auténtica.

Al cabo de dos meses, dejé todas mis cosas en un depósito y me alejé de Phoenix. Viajé al norte de California y me mudé a una casa en Sausalito. Llegué ahí el 21 de marzo de 1994.

Este cambio de lugar de residencia distinto al del suroeste me llevó a dar mis primeros pasos en la meditación, las enseñanzas esotéricas y el camino del sendero que yo llamo el camino místico: aquel que busca encontrar el verdadero conocimiento y la sabiduría. Algo fuera de lo común venía en camino.

CAPÍTULO 5

*Llegada a Sausalito, California.
Marzo de 1994.*

Las nubes y la neblina cubrían el día al llegar a la zona de North Bay en San Francisco. Mi auto estaba lleno hasta el techo de ropa y cajas que llevaba al hogar aterrazado de mi primo en Hurricane Gulch, un vecindario en las colinas de Sausalito.

Llevaba más de dos días conduciendo desde Phoenix, Arizona hasta llegar a la tierra de la neblina que creaba un manto de silencio sobre la ciudad. Conduje sin encontrar mucho tráfico hasta que llegué a la bahía oriental y me dirigí hacia el oeste en dirección a San Francisco.

Viendo y sintiendo el aire húmedo y la neblina que llegaba del Océano Pacífico, subí mis ventanas tan pronto empecé a sentir que el frío calaba mis huesos. Tardaría años en aclimatarme. Hacía frío, la humedad y el olor a tierra, los pinos y el moho llenaban el aire mientras me estacionaba al pie de la colina. Subí los escalones y las escaleras de 68 peldaños hasta llegar a la puerta principal del hogar de mi primo. Conté los escalones muchas veces al subir y bajar las colinas de Sausalito. La vista era hermosa, se veía la bahía, con sus colinas, yates y veleros salpicando el paisaje marino.

Yo no estaba acostumbrada a la humedad y al cabo de pocas semanas de mudarme, se presentó mi primer obstáculo real en la forma de problemas serios de salud en mis pulmones. Aunque no me había dado cuenta al principio, comenzaba a comprender que había estado tapando y enmascarando ciertos síntomas de salud al vivir en un clima árido. Ahora ya no había escapatoria, pues estaba en un clima húmedo y frío.

Después de llegar, estuve enferma con frecuencia durante los últimos meses. Sin amigos ni trabajo, me sumergí en estudios psíquicos y en la meditación, envuelta en cobijas en el sofá cama de la pequeña habitación que llamábamos oficina. Y cuando me sentía bien, iba a explorar y a descubrir cuanto sendero hubiera en el Marin Headlands y Open Space y la preciosa montaña llamada Monte Tamalpais. Más adelante, esta montaña se convertiría en mi hogar al aire libre por 18 años y yo me convertiría en una de sus guardianas más devotas.

Un tiempo después, comprendí que estaba empezando a pelar las capas de la cebolla, una por una, en mi deseo por despertar y ser un espíritu consciente viviendo una existencia humana.

Había tratado durante años de enmascarar mis profundas heridas emocionales y mi sufrimiento. Sin embargo, estaba totalmente inconsciente de ese enmascaramiento. Tenía mucho que aprender y me tomaría años empezar a equilibrarme y estabilizarme a todos los niveles.

Pero primero aparecieron muchos temas de dolor profundo que se manifestaban en forma de enfermedades bronquiales como resfriados, gripa y bronquitis. Y llegué a un punto de ruptura tal que finalmente logré un gran avance en mi comprensión y liberación.

Cada vez que lograba entender y trascender un desafío, surgía uno nuevo. Las situaciones se presentaban de forma tan seguida, que parecía que no tuviera tiempo de recuperarme y tranquilizarme antes de que comenzara una nueva oleada de problemas emocionales.

El 26 de septiembre de 1994, mi padre murió a los 71 años de complicaciones derivadas de una insuficiencia cardíaca congestiva. Recuerdo que iba caminando por una de las calles del distrito financiero de San Francisco rumbo a una entrevista para un empleo en la zona del Embarcadero, cuando recibí la noticia de parte de mi familia.

Esa noticia fue devastadora para mí puesto que tuve una sensación de que el ciclo no se había cerrado nunca entre nosotros. Tenía que sacar a relucir un nivel de serenidad y confianza en mí misma, que claramente yo no poseía. Estaba sentada en el vestíbulo de un edificio de oficinas esperando que un vicepresidente me atendiera y me condujera a la entrevista. Huelga decir que no obtuve el trabajo, pero mi padre estaba cuidando de mí y a los pocos días recibí una oferta para gestionar la cartera de propiedades inmobiliarias de un banco nacional con sede mundial en San Francisco.

En un año, ya había pasado por varias limpiezas y cambios. Todavía no había comenzado un nuevo propósito más significativo en cuanto a mi carrera o a mi forma de vida y seguía lidiando con el lado oscuro de mi mente. Sentía la necesidad de destruir mi identidad corporativa mientras trabajaba en el mundo de los bienes raíces comerciales.

Recibí un bono financiero bastante importante cuando las cosas comenzaron a ir mal en mi empleo. La compañía despidió a varios contratistas externos y eligió un empleado interno para cubrir mi posición. Mi carrera como gerente/corredora comercial de bienes raíces estaba a punto de terminar para siempre.

Recibí una llamada telefónica y una invitación en noviembre de 1995, muy pronto iba a tener mi primera introducción en el mundo de los misteriosos indios tarahumaras de Barrancas del Cobre en las montañas de la Sierra Madre de México.

UN VIAJE A LAS CUEVAS DE CRISTALES GIGANTES DE SELENITA DE MÉXICO

CAPÍTULO 6

Barrancas del Cobre y los indios tarahumara
Noviembre de 1995

Misterios inexplicables de sincronía y sus efectos a largo plazo nos pueden llevar a nuestro propósito o destino. Pronto iba a descubrir lo fácil que era subestimar esas sutilezas.

Éramos visitantes en el borde de un enorme cañón que parecía toda una nueva tierra en la Sierra Madre Occidental de México.

Con vistas a un campo de juego desértico, plano y desgastado, me encontraba sentada sobre un viejo tronco de árbol con mis amigos, Gil y Esther de Arizona. Estábamos entrecerrando los ojos a través de nuestros lentes de sol, mientras dirigíamos nuestra atención en dirección sureste hacia el sol de la mañana que parecía un rayo láser de calor abrasador sobre nosotros y los jugadores que corrían alrededor de ese campo. Parecía más bien un establo de pastura que un lugar que alojaba algunos de los mejores corredores de larga distancia del mundo.

El campo estaba demarcado por viejos postes de madera y alambre de púas rústico, lo que evitaba que los jugadores se distrajeran y pasaran los límites, cayendo en el abismo de Barrancas del Cobre. A pesar de que era noviembre de 1995, el sol era intenso y brillaba sobre la meseta desértica con ráfagas de viento que provenían de las profundidades del cañón.

Había diez hombres con camisetas de colores y pantalones cortos que parecían más pañales que una versión de ropa deportiva. Peter Essick, fotógrafo de National Geographic y mis dos compañeros de viaje estaban sentados a mi lado mirando fijamente, como en estado hipnótico, los músculos de los robustos jugadores que pateaban con sus pies descalzos una pequeña pelota de madera hecha a mano. Sus piernas morenas se veían tan sólidas como los troncos de un árbol y todos los jugadores tenían cicatrices y rasguños. Sus pies calzados con sandalias se veían realmente sucios, con sus uñas ennegrecidas o con los vestigios de algo similar a una uña que había sido arrancada. Era el testimonio de patear una pelota de madera que se sentía tan pesada como el hierro, por ende su nombre: palo fierro.

Su supuesto calzado deportivo para este peligroso terreno lleno de senderos empinados, serpientes, cactus y rocas afiladas, era apenas milagroso puesto que no consideraban ni se protegían de ninguna de esas cosas.

Increíblemente, sus zapatos no eran zapatos, sino sandalias hechas de una fina capa de cuero con una capa delgada de neumático de automóvil pegada a modo de suela. Para amarrar este débil soporte a sus pies, usaban un cordón de cuero entre sus dedos que ataban alrededor sus tobillos duros como el acero.

Lo que más nos asombraba, era la forma surrealista en que estos hombres parecían flotar en el aire por segundos sin rastro de gravedad que los afectara mientras corrían y saltaban por el campo pateando esa pelota de palo fierro. Su fortaleza era sorprendente.

Habíamos sido invitados a esta aldea india de Creel, México, ubicada en el propio borde de uno de los cañones más profundos del mundo. Pasamos la noche en una vieja casa de adobe que tenía una estufa negra de leña en el centro del único recinto. Encima, había una olla negra de frijoles pintos que habían estado cocinándose todo el día. Con unas cuantas moscas zumbando alrededor y poniendo sus huevos, estaba segura de que culparía esa deliciosa y particular cena si al día siguiente tenía una indigestión.

Ese sitio era el hogar de los tarahumaras, o debería decir de los misteriosos tarahumaras que vivían aquí. Estaban profundamente enfrascados en un juego similar al fútbol, pateando una pelota de palo fierro del tamaño de una naranja, en vez de una pelota de fútbol más grande.

Los tarahumaras, o Rarámuris, como se refieren a sí mismos, son uno de los grupos indígenas más grandes que existen hoy en día en las

Américas. La mayoría vive cerca de las ciudades, pero algunos viven entre los vertiginosos picos de la Sierra Madre Occidental en el estado de Chihuahua, México. Es en las montañas, también conocidas como la Sierra Tarahumara, en la que persisten las formas tradicionales del lenguaje, vestimenta, ceremonias y recolección de alimentos. En las ciudades, los tarahumaras han tenido que adaptarse a la forma de vida del chabochi, o sea, de cualquiera que no sea tarahumara.

Los Rarámuris son consumados corredores de larga distancia. Debido a los terrenos accidentados, remotos y elevados, se trasladan a pie gran parte del tiempo y pueden recorrer largas distancias. Practican un juego de pelota llamado rarajípari, durante el cual pueden correr de 19 a 190 kilómetros, dependiendo de la capacidad de los participantes. Las normas varían, pero la esencia del juego es que los jugadores recorren una serie de vueltas pateando una pelota de palo fierro. Quien llega primero a la meta con la pelota recibe las ganancias, generalmente mercancías colocadas en una pila antes de comenzar la carrera.

Yo estaba fascinada con ese pequeño balón tosco proveniente del árbol del desierto llamado Olney, también conocido como palo fierro del desierto. Es una madera muy dura y pesada. Su densidad es superior a la del agua y se hunde; no flota corriente abajo en oleadas por lo que es necesario empujarla siguiendo el movimiento de la corriente. Debido a su gran dureza, el procesamiento del palo fierro del desierto es difícil.

Estos son los mejores corredores de larga distancia del planeta para las carreras de resistencia. Son capaces de correr 160 km o más en un momento dado, sin detenerse a tomar agua ni aliento, con la excepción de un cigarrillo ocasional. Solo corren sin descansar, subiendo y bajando los senderos empinados, rocosos y estrechos de uno de los más profundos cañones de Norteamérica, el Cañón del Cobre. ¡Estos indios están hechos para este terreno!

Esto es Barrancas del Cobre de México. Es un sistema de cañones que consta de seis cañones diferentes de la Sierra Madre Occidental en la parte suroeste del estado de Chihuahua, México. El sistema general de cañones es más grande y los acantilados más profundos que los del Gr de Arizona. Estos cañones interconectados están formados por seis ríos que drenan la parte occidental de la Sierra Tarahumara (parte de la Sierra Madre Occidental). Los seis ríos confluyen en el Río Fuerte y desembocan en el Mar de Cortez. Las paredes del cañón son de color verde cobrizo, lo que da origen a su nombre.

Los españoles llegaron a la zona del Cañón del Cobre en el siglo

XVII y se encontraron con los indígenas locales a todo lo largo de Chihuahua. Para los españoles, México era una tierra nueva para explorar el oro y la plata y también para difundir el cristianismo. Los españoles llamaron a este pueblo "Tarahumara", derivado de la palabra Rarámuris, nombre que los indígenas usan para ellos mismos. Algunos eruditos teorizan que la palabra puede significar "el pueblo que corre".

Durante el siglo XVII, los españoles descubrieron plata en la tierra de la tribu tarahumara. Algunos fueron esclavizados para trabajar en la minería. Hubo pequeños levantamientos de los tarahumaras, pero con escasos resultados. Finalmente fueron expulsados de las tierras más ricas y exiliados a los acantilados del cañón.

Mis ojos contemplaban el gran cañón a lo lejos. Estaba observando los muchos senderos que surgían de sus muros empinados y estrechos, preguntándome a dónde conducirían. Teníamos poco tiempo, apenas un par de días para explorar el río en el fondo del cañón por una noche y luego quedarnos con la familia de Creel, un pueblo al borde del cañón, antes de regresar a casa.

Me di cuenta de que las personas se comportaban de forma distante y altiva, y probablemente con muy buena razón. También había mucho movimiento de los carteles de la droga en el área. Nos encontramos frente a frente con cuatro soldados del cártel en su reluciente y recién adquirido jeep Cherokee rojo cruzando el río. Fue algo extraño, puesto que nosotros viajábamos en un vehículo igual y del mismo color. Estuvimos súper alertas durante el encuentro con estos hombres tan intimidantes. No queríamos provocarlos y mucho menos que se interesaran en nuestro destino o en nosotros. Es común el secuestro y la extorsión entre estos grupos. Por suerte, tenían otros asuntos que atender, por lo que apenas nos saludaron con la mano como si fuéramos una interferencia insignificante, mientras cruzaban el lecho rocoso del río.

Exploramos la iglesia española del fondo del Cañón que se encontraba en un lugar llamado Batopilas. Sus enormes campanas habían sido traídas por galeones españoles a México desde España en el siglo XVII y luego transportadas al interior. Era una proeza difícil de imaginar. Sobre bestias de carga y causando el sufrimiento de estas personas, los ancestros de estos nativos se convirtieron en los esclavos de los españoles que buscaban el mineral de plata.

Algo empezaba a cambiar dentro de mí. Me estaba enamorando de México en un nivel de experiencia completamente nuevo. De niña, en

El Paso, cuando visitamos con mis padres Ciudad Juárez, México, temía ver el sufrimiento en los ojos de las personas cuando las miraba al cruzarnos en la calle. Yo era muy sensible y tierna de corazón y México me atemorizaba. Ellos tenían hambre y tenían muy poco. Aquí, en las montañas de la Sierra Madre, era tan intensa la escasez física de necesidades básicas que al observar esto yo sentía emociones fuertes de compasión, empatía, y me atrevería a decir, amor por la tierra y por esa gente que buscaba desesperadamente una manera de sobrevivir.

Me tomaría muchos años después de esa reunión con los tarahumaras, llegar a comprender y hacer la conexión del linaje físicamente poderoso y místico, o la raza de este pueblo, con las cuevas de cristales gigantes de Naica. Me pregunto si ellos sabían que esos cristales eran una parte importante de su territorio en la escarpada Sierra Madre Tarahumara.

CAPÍTULO 7

Oaxaca, México y el Fondo de Ayuda Rancho Feliz
Invierno de 1997

Acababa de sentarme en uno de esos taburetes Naugahy falsos que evocan los bares de la década de los 40 en el sur de Arizona. Estábamos sentados en un viejo bar que había visto sus mejores días, en la calle principal justo al norte de la frontera mexicana de Agua Prieta, estado de Sonora, y en la ciudad de Douglas, Arizona. Mi amigo Gil y yo pedimos un par de cervezas frías y guardamos silencio por unos minutos. Tratamos de adaptar nuestros ojos a la oscuridad del lugar acabando de llegar del brillante sol del desierto.

Había sido un fin de semana intenso y apenas era sábado por la tarde. Yo había volado desde San Francisco para un proyecto y para reunirme con Gil en Phoenix y conducir a Agua Prieta a entregar 8.000 libras de comida enlatada para un banco de alimentos. Acabábamos de regresar de visitar el comedor popular que la fundación de caridad Rancho Feliz había ayudado a construir para los niños menos afortunados que no tienen suficiente para comer durante las horas escolares.

Después de un par de tragos fríos para aliviar nuestra sed, empezamos a discutir los problemas de pobreza que habíamos encontrado al otro lado de la "frontera".

Rancho Feliz venía suministrando comida y albergue a muchos de los menos afortunados de México. Todo empezó en 1988 cuando empecé como voluntaria mientras vivía en Phoenix, Arizona.

Ya había sido mentora de una niña en la organización Big Brothers/Big Sisters pero no me parecía que eso era suficiente. Mi hermanita tenía problemas y traté de ayudarla pero no pude entrar en contacto con ella. Tenía todo excepto el amor y el cuidado que necesitaba de sus padres divorciados. Traté de llenar eso con mi tiempo y atención pero ella seguía muy cerrada. Me sentía impotente para ayudarla realmente.

Al haber crecido en la frontera entre El Paso y Juárez, México, había visto muchísimos seres humanos sometidos a las condiciones más extremas de pobreza, desnutrición, enfermedades y discapacidades físicas.

Involucrarme con la visión de Rancho Feliz de ayudar a los menos afortunados era algo que yo podía asumir con una comprensión más profunda puesto que ya lo había visto con mis propios ojos. Además, hablaba un poco del español que se habla en la frontera y eso sería de gran ayuda al comienzo de nuestras iniciativas y en mis viajes futuros a México.

Ya habíamos aportado una enorme cantidad de apoyo y ayuda a nuestros vecinos de México durante diez años; comenzando con el pueblo de Agua Prieta, y después más al sur de la frontera de Arizona, a los indios tarahumara de Barrancas del Cobre y los pueblos circundantes del Estado de Oaxaca, al sur de la Ciudad de México.

Le pedimos otras dos Tecates bien frías con limón al cantinero, quien sentía que las ventas serían buenas ese sábado por la tarde. Mientras esperábamos nuestras cervezas, un cliente introdujo en la rocola un billete de dólar y escuchamos a los Tornados de Texas gimotear algo en español. Volvimos al tema del sur de México.

Rancho Feliz estableció un fondo de ayuda a finales de 1996 en Oaxaca. Comprábamos comida y la distribuíamos entre los pueblos cercanos.

Comencé a sentirme cómoda y relajada mientras calmaba mi sed con la cerveza fría, cuando mis pensamientos volvieron a Oaxaca y las historias que me había contado un buen amigo sobre sus aventuras en ese lugar.

Yo quería hacer algo más por la gente de México y el sentido de aventura me llamaba otra vez. Además, quería practicar mi español, y esperaba dominarlo al sumergirme en la vida diaria de estos pueblos.

Acordamos que iría allí y echaría un vistazo para ver qué más se podía hacer para ayudar a los enfermos, ancianos y pobres de la zona. Llegué a experimentar por mí misma la situación de los menos favorecidos de Oaxaca y descubrí un misterio personal en un antiguo e importante centro de la civilización mexicana: Monte Albán.

Esta antigua ciudad en ruinas, fue ampliamente reconocida muchos siglos antes de que los europeos llegaran en 1500 d.C. Pero eso es solo parte de la historia.

Gil y yo terminamos nuestras cervezas, salimos y caminamos bajo un típico atardecer del sureste lleno de luces de neón rosadas, anaranjadas y rojas. De regreso a Scottsdale, Arizona, ya me sentía ansiosa por empezar esa nueva aventura.

Dejé San Francisco el 19 de febrero de ese año, sin saber exactamente en qué me estaba metiendo. Nunca había viajado sola a México y estaba un poco preocupada por mi seguridad. Jamás imaginé que me enamoraría por completo de Oaxaca y de su gente, tanto de los mestizos como de los indígenas, nombre que usan para los indios nativos.

Existen en la actualidad dieciséis grupos étnicos y lingüísticos diferentes en el Estado de Oaxaca, cada uno con su propio arte como cerámica, textiles, estaño y otras artesanías. Este pueblo vive igual desde hace cientos de años, sobre las terrazas de las colinas. Solo que ahora viven en chozas de hojalata en vez de la típica vivienda de bahareque del pasado.

Uno de los pueblos que visité fue Pueblo del Maestro. Teresa y su marido, Rafael, fueron mis guías y contactos en Rancho Feliz. Una tarde, salimos de la ciudad y nos fuimos al pueblo por caminos de terracería. Al llegar a las colinas aterrazadas cerca de atardecer, el cielo estaba encendido con anaranjados profundos y rojos sangre debido al polvo que había en el aire. Más al oeste, en la montaña, había un esbozo de las estructuras piramidales de Monte Albán, la primera gran ciudad de Mesoamérica (500 a.C.) Imaginar la poderosa presencia de los antiguos aristócratas y nobles que vivían en palacios y presidían los asuntos gubernamentales de los valles de Oaxaca fue una gran paradoja ante la realidad de lo que tenía ante mis ojos.

Mi mente estaba llena de interrogantes. Mi corazón latía con fuerza ante una visión tan sorprendente. Sabía que tendría que regresar a Monte Albán lo antes posible para explorar y conocer lo que realmente había pasado allí.

En el ínterin, tenía un trabajo importante que hacer para informar a Rancho Feliz sobre el bienestar de las personas a las que estábamos tratando de ayudar. Había una sensación de incomodidad de la cual no lograba deshacerme.

Conocí a muchos niños, mujeres y hombres muy amables. Con tanta pobreza, carencia de necesidades básicas y de atención médica, es difícil entender por qué estas personas siempre encuentran el tiempo para brindarte una sonrisa amigable. ¿Cómo pueden estas personas ser tan felices teniendo tan poco? En mi vida en El Paso, siempre tuve todo lo que necesitaba. Sentimientos de gratitud y compasión sincera empezaron a colarse en mi corazón. Había sido muy inconsciente de que existían tales niveles de pobreza. Este no era un tema que tratara con mis amigos de Scottsdale, Arizona. Nadie que yo conociera en los Estados Unidos había experimentado un nivel de carencia y sufrimiento como el que había visto. Era casi inhumano presenciar el flujo interminable de pobreza y la forma en que esto afectaba a las personas de ese país.

Después de dos semanas de visitar los pueblos de Oaxaca que Rancho Feliz apoyaba, finalmente mi viaje estaba llegando a su fin.

Sin duda sentí alivio pero también sentí dolor en el corazón al desconectarme de esas personas que me habían hecho sentir tan bienvenida y en cuyas vidas estuve tan involucrada.

Pronto me iría de regreso a los Estados Unidos, pero primero quería sacar tiempo para visitar el enorme mercado central e ir a Monte Albán. Tomé el último autobús turístico al final de la tarde en la parada del mercado de Oaxaca hacia la cima de la montaña.

Una breve historia y descripción de la Unesco dice que: "El centro histórico de Oaxaca y sitio arqueológico de Monte Albán fue habitado durante un período de 1.500 años por una sucesión de pueblos mixtecos, zapotecas y olmecas. Las terrazas, represas, canales, pirámides y montículos artificiales de Monte Albán fueron literalmente excavados en la montaña y son símbolos de una topografía sagrada.

UN VIAJE A LAS CUEVAS DE CRISTALES GIGANTES DE SELENITA DE MÉXICO

La gran capital zapoteca floreció durante trece siglos, desde el año 500 A.C. hasta el año 850 d.C. cuando, por razones que no han sido establecidas, comenzó su eventual abandono. El sitio arqueológico es conocido por sus dimensiones únicas que muestran la cronología básica y estilo artístico de la región, y por los restos de magníficos templos, canchas de juegos, tumbas y bajorrelieves con inscripciones jeroglíficas. La parte principal del centro ceremonial que forma una explanada de norte a sur de 300 metros con una plataforma en cada extremo se construyó durante las fases Monte Albán II (entre los años 300 a.C. y 100 d.C.) y Monte Albán III. La fase II corresponde a la urbanización del sitio y al dominio del medio ambiente por la construcción de terrazas a los lados de las colinas, y el desarrollo de un sistema de diques y canales. Las últimas fases de Monte Albán IV y V se caracterizaron por la transformación de la ciudad sagrada en una ciudad fortificada. Monte Albán representa una civilización de conocimiento, tradiciones y expresiones artísticas. Una excelente planificación se evidencia en la alineación de los edificios erigidos de norte a sur, armonizados con los espacios libres y los volúmenes. Se exhibe el notable diseño arquitectónico del sitio, tanto en Mesoamérica como en el urbanismo de todo el mundo.

Monte Albán es un ejemplo sobresaliente de un centro ceremonial precolombino de la zona central del México actual, que fue expuesto a influencias del norte, primero de Teotihuacán y después de los aztecas, y del sur, de los mayas. Con su cancha para juegos de pelota, magníficos templos, tumbas y bajorrelieves con inscripciones jeroglíficas inexplicables, Monte Albán es el único testimonio de las sucesivas civilizaciones que ocuparon la región durante los períodos preclásico y clásico".

Trata de imaginar lo que podría haber sido ver algo tan antiguo en los Estados Unidos, con un acceso tan fácil. En muchos de los sitios históricos, existe seguridad extrema y restricciones de "No tocar", con una gran cantidad de cámaras de vigilancia. Estaba fascinada con todas las posibilidades que vislumbraba al estar cerca de ese enorme sitio histórico tan disponible.

¿Qué podría encontrar ahí? ¿Adónde podía ir sabiendo que en cualquier otro lugar del mundo hubiera sido imposible tener acceso?

Me dirigí al museo Monte Albán donde había antigüedades cubiertas con paredes de vidrio que supuestamente rivalizan con los objetos encontrados en la tumba del rey Tutankamón en Egipto. Lo creí después de ver jade, oro y otros tesoros. (Tutankamón fue un faraón egipcio de la dinastía XVIII; reinó desde el año 1361 al 1352 a.C. En 1922, el arqueólogo inglés Howard Carter descubrió su tumba que contenía una riqueza de abundante y variado contenido, prácticamente intacta).

El autobús turístico estaba tocando la bocina fuera del museo llamando a los turistas para que regresaran ya que el lugar iba a cerrar sus puertas muy pronto. ¡A mí me parecía que acababa de llegar! Decidí volver a la mañana siguiente para pasar todo el día explorando el lugar.

Esa noche, fui al Zócalo en el centro de Oaxaca a escuchar música, beber cerveza fría y disfrutar de una buena comida. No podía creer lo feliz que me sentía. Me di cuenta de que hacía muchos años que no experimentaba ninguna comunidad en un centro de ciudad donde se reunieran familiares, amigos, jóvenes y viejos. Eso fue en 1997. Hoy en día, los mercados de agricultores son un lugar maravilloso de reunión de la comunidad en cualquier pueblo o ciudad.

Terminé con mi cerveza fría y recorrí lentamente las calles empedradas de 500 años de antigüedad entre las casas coloniales y los edificios señoriales. Escuché la alegre música mientras me dirigía a descansar a la sencilla habitación de mi hotel. El hotel estaba cerca de la Iglesia Católica de Santo Domingo, de unos 500 años de antigüedad, y sabía que no dormiría más de la cuenta. Las campanas de la iglesia empiezan a sonar alrededor de las 6:00 a.m. cada mañana. Con todo el mezcal que produce y consume esta ciudad, aún no tenía claro si el dolor de cabeza era el resultado del repicar de esas campanas o del alcohol.

Desperté con el sonido de las campanas repicando en mis oídos pero estaba demasiado ansiosa por empezar mi día como para que eso me molestara. La primera parada fue para ver la Iglesia de Santo Domingo de Guzmán.

Como su nombre lo implica, la Orden Dominicana fundó la iglesia y el monasterio. Iniciado en 1575, ambos fueron construidos durante un período de 200 años, entre los siglos XVI y XVIII. El monasterio estuvo activo desde 1608 hasta 1857. En el período de las guerras revolucionarias, los edificios fueron entregados para uso militar, y desde 1866 hasta 1902, sirvieron como cuarteles. En 1938 la iglesia fue restaurada para uso religioso, pero el monasterio quedó a disposición de la Universidad Autónoma Benito Juárez de Oaxaca. En 1972 se convirtió en un museo regional, y en 1993 se tomó la decisión de restaurarlo por completo. La labor se terminó en 1999. Es un ejemplo excepcional de arquitectura de conservación. El arquitecto responsable fue Juan Urquiaga.

La iglesia también ha sido totalmente restaurada. Su interior muy decorado incluye el uso de más de 60,000 láminas de oro de 23.5 quilates. Había suficiente oro como para convencer al más escéptico de los creyentes sobre los poderes del Vaticano y el alcance de su influencia en las Américas.

Los recintos que constituían antiguamente el monasterio albergan ahora el Centro Cultural de Oaxaca, fundado con la ayuda del artista oaxaqueño, Francisco Toledo. Este museo incluye una importante colección de artefactos precolombinos, entre ellos el contenido de la Tumba 7 de la cercana ciudad zapoteca de Monte Albán.

El antiguo monasterio es ahora un jardín etnobotánico que contiene una gran colección de plantas nativas de la región.

La entrada tanto a la iglesia como al museo es una amplia plaza que funciona como centro para las fiestas locales y otros eventos. Se encuentra casi a medio kilómetro al norte de las plazas centrales de la ciudad, el Zócalo y la Alameda, y la calle adyacente es peatonal, así que es un lugar popular de paseo para turistas y residentes.

Estaba apurada por salir a la calle a través de las puertas del hotel cuando presencié algo sorprendente. Dos jóvenes estaban sosteniendo los tobillos de una chica que colgaba boca abajo en uniforme escolar con falda a cuadros azul y verde y una blusa blanca. Estaban en la esquina de la calle que pertenecía a la gran Iglesia.

Crucé apresuradamente la calle hasta donde ellos se encontraban de pie, preguntándome qué podía hacer para poner a salvo de cualquier daño a la joven. Me sorprendió verlos a todos riéndose y curiosa les pregunté qué estaban haciendo. El fuerte olor a aguas negras hizo que mis ojos se aguaran. Traté de expresar mi preocupación usando las palabras adecuadas, en mi pobre español, y ellos me respondieron con amabilidad. Me explicaron que su amiga había perdido la cadena de oro de Nuestra Señora de Guadalupe que llevaba al cuello. Se había caído en la antigua reja que cubría el sistema de alcantarillado que corría debajo de la calle.

Apenas podía creer que ella fuera lo suficientemente valiente como para soportar los fuertes olores del alcantarillado con la nariz tan cerca del agujero donde los chicos habían quitado la pesada reja de acero para permitir que su cabeza entrara por la oscura alcantarilla.

¿Qué podía ser tan importante en ese talismán para que no solamente arriesgara su cuerpo sino que pasara por la vergüenza de ser sostenida boca abajo por dos chicos? Probablemente había sido un regalo de sus padres que se enojarían si ella la perdiera.

La Virgen de Guadalupe es la santa patrona de México. Se representa con la piel morena, un ángel y la luna a sus pies y los rayos del sol rodeándola.

Según la tradición, la Virgen María se le apareció a un indígena llamado Juan Diego el 9 de diciembre de 1531. La Virgen le pidió que construyera un santuario en su nombre en el lugar donde ella se había aparecido, el Monte Tepeyac, que ahora es un suburbio de la ciudad de México. Juan Diego le contó al obispo la aparición y la solicitud, pero él no le creyó y pidió una señal antes de aprobar la construcción de la iglesia.

El 12 de diciembre, la Virgen reapareció ante Juan Diego y le ordenó recoger rosas en su tilmátli, un tipo de manta. Juan le llevó las rosas al obispo y cuando él abrió su manta, cayeron al suelo docenas de rosas revelando la imagen de la Virgen de Guadalupe impresa en su interior. El tilmátli con la imagen se exhibe en la Basílica de Guadalupe en Ciudad de México.

Se dice que la aparición de la Virgen de Guadalupe a un indígena es una de las fuerzas detrás de la creación del México de hoy en día: una mezcla de sangre española y nativa. Se dice que su piel morena y el hecho de que la historia de su aparición fue relatada en lengua indígena náhuatl y en español, ayudó a convertir a los indígenas de México al cristianismo en la época de la conquista. Se considera que Ella representa una mezcla de la herencia española y azteca.

Su imagen se ha utilizado en toda la historia mexicana, no solo como un símbolo religioso, sino también como un signo de patriotismo. Miguel Hidalgo utilizó su imagen cuando inició su rebelión contra los españoles en 1810. Se la veía en los estandartes de los rebeldes, cuyo grito de batalla fue "¡Larga Vida a Nuestra Señora de Guadalupe!".

Emiliano Zapata también llevaba un estandarte de la Virgen de Guadalupe cuando entró en la Ciudad de México en 1914.

El Papa Juan Pablo II canonizó a Juan Diego en 2002, convirtiéndose en el primer santo indígena americano, y declaró a Nuestra Señora de Guadalupe, patrona de las Américas.

Yo suponía que esa joven alumna ya había experimentado los poderes de protección de esa poderosa santa y que ella no dudaba de que lo haría de nuevo.

Con total asombro, vi cómo bajaban un poco más su cuerpo dentro de la alcantarilla. Con una destreza increíble, salió llevando la cadena de oro en sus pequeñas manos.

Esa fue una señal muy especial para mí. Sabía que iba a experimentar algo importante ese día. Lo sentía en lo más profundo de mi ser. Tuve que apresurarme y regresar al mercado del centro para tomar el primer autobús turístico a la cima de Monte Albán. Iba a ser un largo día de exploración y yo lo estaba deseando.

Ya sentía calor cuando salí del autobús turístico. Atravesé la entrada y el museo y salí por la puerta de atrás al parque arqueológico.

Quería empezar a explorar la vertiente oriental, donde no había nadie todavía ya que era muy temprano y acababan de abrir las puertas. Me topé con una entrada a la tumba llamada Número 7. Desafortunadamente, la apertura del pasadizo tenía una reja que estaba cerrada con un candado, pero logré verla a través de la reja de hierro y descubrir una estatua exquisitamente labrada sobre una losa.

Yo no sabía leer muy bien el español y la mayoría de la información importante del museo estaba en español y muy poca en inglés. No estaba preparada emocionalmente para el torrente de información sobre ese lugar que leería más adelante. Esto era probablemente una bendición teniendo en cuenta que esta ciudad había torturado y sacrificado a muchos de sus prisioneros y luego había grabado indeleblemente sus imágenes talladas en losas de granito.

La Tumba 7 representa una fortuna en joyas y artefactos igual a la que se encontró en la tumba del Rey Tutankamón en Egipto. ¿Quién era esa deidad, diosa o aristócrata reconocida con tanta riqueza y prestigio en Monte Albán, con más de 200 tumbas encontradas bajo la montañosa Gran Plaza?

Según la Tumba 7 de Monte Albán, es uno de los contextos funerarios más ricos encontrados en la Mesoamérica precolombina. Fue descubierta por el gran arqueólogo mexicano Alfonso Caso en 1931, y se hizo famosa rápidamente a través de publicaciones populares tales como la National Geographic. En 1969, Caso publicó su trabajo definitivo sobre la tumba en su libro "El tesoro de Monte Albán" que catalogaba cientos de objetos exóticos de materiales preciosos. De particular interés, especialmente para Caso, fueron 34 objetos en hueso tallado, decorados con la iconografía del estilo mixteca.

La evidencia arqueológica de Monte Albán demuestra la existencia de herramientas textiles de hilado y tejido. Había una descripción de husos circulares de cerámica encontrados en la Tumba 7. Artefactos adicionales de la tumba también corresponden a herramientas de hilado y tejido, incluyendo pequeños platos giratorios de ónix y cristal y huesos tallados que pueden haber servido como efigies tejiendo picos y listones.

Aunque las interpretaciones previas del contexto de la tumba no han generado una perspectiva, el doctor Geoffrey McCafferty logró reconocer un "equipo de tejido" casi completo. Con esa fuerte asociación con las tareas femeninas, el siguiente paso fue volver a evaluar el contexto de la propia tumba, y la evaluación biológica del sexo de las personas. La Tumba 7 fue construida en el período clásico tardío, bajo el patio de una residencia de élite al norte de la acrópolis principal. Varios cientos de años después de su abandono, el edificio fue reutilizado como un templo. En ese momento, se volvió a entrar a la tumba a través del techo, y se colocó una nueva capa de deposición sobre el piso original. Esto incluía nueve esqueletos, unas 500 ofrendas de sepulturas y un pequeño altar donde fue colocado un cráneo humano cubierto de mosaicos de turquesa y concha. La mayoría de los restos óseos fueron perturbados, aunque había suficiente evidencia de articulación como para indicar que originalmente habían sido sepultados por primera vez. El esqueleto más completo fue identificado como Individuo A, y estaba en una posición flexionada, sentado. La mayoría de las ofrendas de la tumba estaban asociadas con el Individuo A.

Teniendo en cuenta la enorme evidencia del material disponible para reconocer la identidad de género como femenino, y la evidencia que sugiere que el Individuo había sido mal interpretado y en realidad se puede tratar de una mujer, la Tumba 7 puede ahora ser reinterpretada. Sugerimos que sirvió como un santuario dedicado a un miembro del complejo de la tierra y la fertilidad. Después de esto, la tumba fue visitada de nuevo por personas que buscaban conocimiento oracular. Esta interpretación se encuentra en los códices mixtecos así como en otros manuscritos precolombinos y pictóricos coloniales. Siete mandíbulas humanas pintadas de rojo y perforadas con el fin de ser suspendidas fueron encontradas en la tumba, cerca del cráneo que estaba sobre el altar.

Este nuevo giro del significado simbólico de la Tumba 7 ubica una de las ofrendas más ricas de la historia mesoamericana en el contexto de la esfera del poder femenino y ha sido uno de los primeros intentos de crear el pasado antiguo mesoamericano. Era como si una fuerza invisible estuviera guiando mi jornada por medio de un extraño sincronismo de eventos.

Al mirar alrededor buscando cualquier cosa que se relacione con esa tumba, empecé a escudriñar las piedras, vasijas viejas y la tierra que ya había pasado por una depuración de los equipos de arqueólogos desde los años 30. Estaba observando la parte superior de la tumba, cuando vi que un mexicano con sombrero de paja blanco me estaba mirando fijamente. Temí haber hecho algo malo. Pero no podía estar más alejada de la verdad.

Cuando escalé la Gran Plaza y comencé a caminar hacia el extremo sur donde estaba el observatorio cósmico, el hombre empezó a seguirme. Mantuvo su distancia pero continuó siguiéndome a todos los lugares que visité en Monte Albán. Finalmente me le acerqué y lo saludé, comenzando así una conversación extraordinaria.

Si alguna vez has tratado de comunicarte con alguien que habla un idioma diferente al tuyo, sabrás el gran esfuerzo que se requiere para llegar a comprenderse. Para mí, esa comprensión proviene de las emociones comunicadas desde el corazón, expresada a través de palabras sencillas. Eso pareció ayudar a ese hombre y logré crear un puente de comunicación a pesar de la gran diferencia que existía entre nosotros y lo que eran nuestras historias ancestrales y nuestras vidas.

Le dije con palabras muy sencillas en español lo honrada que me sentía de encontrarme en un lugar tan extraordinario. Mostró su aprobación con una sonrisa. Me presenté, un poco nerviosa. Él hizo lo mismo. Luego hubo silencio entre nosotros mientras yo observaba ese gran complejo piramidal. Me dirigí hacia el lado oeste y miré hacia abajo en dirección de las granjas y un pueblo que se construyó en las terrazas. Yo estaba consciente de su presencia, puesto que él todavía me seguía. Luego se detuvo junto a mí y me dijo que su familia vivía en el rancho que estaba directamente debajo de nosotros. Me dijo que era zapoteca. Me sorprendió saber que su familia había estado allí por muchas generaciones y se lo dije.

En mi inocencia, yo esperaba que él se fuera, pues no entendía lo que estaba haciendo ahí.

Me siguió durante todo el día bajo el ardiente sol mientras yo vagaba por la gran plaza con sus ruinas y sus piedras, hasta que el sol se escondió detrás de las nubes al caer la tarde. Era casi la hora de cerrar de nuevo y ya estaba empezando a cansarme.

Estaba a punto de salir del complejo, cuando el hombre se acercó directamente y me preguntó si deseaba ver algo. Me dejé llevar por la curiosidad y acepté.

Me llevó a una zona que estaba cerrada al público debido a que los equipos de arqueólogos estaban excavando esa área. Pasamos por debajo de la señal de "No pasar" y de las cuerdas que sostenían el letrero. Él retiró el pedazo de hojalata que cubría la entrada al hoyo/pasaje esperando que nadie lo viera. Había una escalera que nos conducía hacia abajo y me hizo señales de que lo siguiera.

Yo temía que pudiera hacerme daño. Él vio mi indecisión y mi falta de comprensión, y me mostró lo que él quería que yo viera. Debajo, en las sombras, había una gran columna de piedra sobre un piso de tierra.

Estaba tratando de pensar mientras mi corazón latía a toda prisa. Todo el dinero que había traído a México lo llevaba conmigo, incluyendo mi pasaporte, y estaban dentro de mi camisa. Si alguna vez hubo un momento en el que me sentí vulnerable y expuesta a que me robaran, ha sido ese. Parecía como si un tipo de fuerza controlara mi sensibilidad pues no pude evitar continuar para ver a dónde me llevaría todo eso.

Le indiqué que yo quería que él bajara primero la escalera y así lo hizo. Extendió su mano para ayudarme a descender y entramos a un área subterránea muy oscura donde había un pozo que conducía a un nivel aún más bajo. Empezaba a sentirme cada vez más temerosa cuando él tomó una piedra y la dejó caer en el pozo. Escuchamos durante lo que pareció unos treinta segundos hasta que la piedra golpeó algo. Yo estaba tan sorprendida por ese acontecimiento que sentía que estaba soñando o que eso era el comienzo de una pesadilla.

Pensé que sin duda ese era el momento y el lugar en el tiempo en que, si él lo quisiera, me lanzaría a ese pozo. Salí corriendo de la oscuridad hacia donde se encontraba la escalera y quedaba un poco de la luz del día reflejada en esa área. Estaba segura de que él me atacaría pero se mantuvo inmóvil cerca del pasadizo donde había tirado la piedra.

Me di la vuelta cuando comprendí que no me estaba siguiendo y le dije con voz muy fuerte en español: ¿Qué quieres?

Percibí su duda mientras luchaba con las palabras. Él caminó hacia mí y metió su mano en la camisa. Casi me desmayo creyendo que iba a sacar un cuchillo. En cambio, sacó un objeto envuelto en un periódico. Estaba temblando de miedo e intenté controlarme. Lo que él sacó del paquete me dejó alucinada.

Se trataba de un collar de perlas de jade verde esférico y escalonado, antiguo y absolutamente hermoso en tamaño y color. Sabía que era antiguo por la costra de tierra y el color tan puro del jade. Quedé totalmente atónita observando mientras él colocaba las perlas sobre la estructura en forma de banco de piedra debajo de la Gran Plaza. ¿Cómo es posible que lograra adquirir esa antigüedad? Mi mente volaba tratando de comprender más profundamente la situación.

De una manera sentida, me dijo lo que yo consideré que era la verdad. Su familia había formado parte de los trabajadores que estuvieron excavando ese lugar y habían robado esa pieza del interior del pecho de un esqueleto enterrado en una de las tumbas. (Hay 200 tumbas debajo de Monte Albán). ¿Cuántos otros artículos habrían sido robados del lugar por los trabajadores? Él sabía que era una "pieza" importante y quería venderla.

Yo había visto todas las joyas de jade en los Museos y sabía que esa era idéntica. Lo que no podía entender era cómo había llegado ese jade a México. En ese momento, eso superaba mis conocimientos.

Esto fue lo que descubrí años después: Los científicos resuelven el misterio de la fuente del jade - Junio 2002, World Scientist:

"Desde el siglo XVIII, coleccionistas, geólogos y arqueólogos han buscado la respuesta a un misterio frustrante: los antiguos olmecas crearon estatuas de sorprendente jade azul-verdoso, pero ese tipo de piedra nunca se había encontrado en las Américas. Ahora los científicos creen que han descubierto la fuente, una veta de jade en Guatemala que podría revelar mucho sobre las antiguas civilizaciones americanas y sobre la formación del continente donde ellos vivían. Desde que Alexander von Humboldt comenzó a coleccionar jade en América Latina en el siglo XVIII, se han encontrado estatuillas y hachas de estilo olmeca, elaboradas hace más de dos milenios, desde México hasta Costa Rica. Pero nunca se había visto ese tipo de jade en su estado natural en cualquier cantidad en la zona. Luego en 1999, Russell Seitz, un geofísico que había pasado 23 años buscando la fuente del jade olmeca, visitó la ciudad colonial de Antigua en Guatemala central. En el techo de una tienda, encontró jade muy diferente al jade opaco que había visto en México y América Central, y era idéntico a las piedras traslúcidas azul-verdosas tan codiciadas por los olmecas, que vivieron en el centro y sur de México desde 1000 hasta 400 años a.C."

¿Podría ser esa la fuente de las preciosas cuentas? Estoy segura de que es así.

A continuación le pregunté a ese hombre ¿por qué quería venderme el hermoso collar? Me dijo que su familia era pobre. Su familia era muy grande y muchos de ellos necesitaban atención médica.

Sabía que eso era cierto en los muchos pueblos que había visitado. Sin embargo, ¿por qué a mí? Obviamente, yo no lucía como una persona que pudiera pagar algo así. Además, sería muy insensato de mi parte llevarme ese collar a los Estados Unidos cruzando la frontera. Iría a la cárcel si me atraparan con el collar.

Insistió y trató de negociar conmigo para que me llevara el collar mientras yo continuaba negándome. En ese momento supe que era tiempo de subir las escaleras de madera rápidamente. ¿Trataría él de bajarme de nuevo? Realmente no conocía la respuesta a esa pregunta y me aseguré de salir corriendo hacia la plaza lo más rápidamente posible.

Otra vez, no me siguió. Esperó y luego se tomó su tiempo para subir también. Eso me sorprendió y por alguna razón, no hui.

Me miró directamente a los ojos, con sus ojos negros como la noche y un bigote negro en su rostro de piel bien morena. Dijo en español: "¿Quién eres tú?" "¿De dónde vienes?"

Me sorprendió y me atreví a responderle con la verdad. Le conté sobre mi trabajo de sanación en California y la historia de mi familia en El Paso, Texas.

Seguimos conversando en un español muy sencillo, mientras el sol empezaba a ponerse. Era obvio que no habíamos terminado con nuestra conversación. Decidimos ocultarnos del público y nos sentamos detrás de una pared de piedra y barro cerca de la entrada para seguir nuestra conversación.

Ocurrió algo casi imposible de explicar o describir. Me sentía cómoda a su lado, como si ya lo conociera desde antes. Parecía que él sentía lo mismo. Hubo muchos momentos de silencio teniendo cuenta que apenas podíamos conversar debido a mi escasa comprensión del español. El aire se sentía cargado de energía cuando nos atrevíamos a mirarnos a los ojos.

Cuando surgían las palabras, éstas eran poderosas pues las expresábamos desde el corazón. Me dijo que nunca había conocido a nadie como yo. Al escucharlo, sentía algo parecido al recuerdo de un sueño, o a otra época. Él se sentía agradecido por la inexplicable forma en que el sincronismo nos había unido. Acepté con humildad su expresividad y le agradecí desde el fondo de mi corazón.

Estaba llegando la hora de irnos. Las puertas se estaban cerrando y el autobús turístico esperaba que llegaran todos los pasajeros. Nos levantamos y él extendió su mano. Su gesto me conmovió tanto que toqué su hombro y puse mi mano sobre su mano extendida. Había emoción en sus ojos negros y las lágrimas brotaban de mis ojos.

El momento era tan extraño que apenas si podía contener mis emociones.

Lo último que leí sobre Monte Albán fue que las excavaciones solo llegaban a menos del diez por ciento en 1997.

Cuando subí al autobús, me giré hacia la Gran Plaza, donde él estaba de pie mirándome. Le dije adiós con la mano.

Me senté en silencio mientras descendíamos la montaña, maravillada ante la serie de extraños eventos que acababan de suceder. ¿Qué otros tesoros se encontrarían y revelarían en ese misterioso lugar de los primeros olmecas?

Jamás regresé a ese lugar.

UN VIAJE A LAS CUEVAS DE CRISTALES GIGANTES DE SELENITA DE MÉXICO

CAPÍTULO 8

El Gran Cañón y la Carrera más larga a pie.
Octubre de 1997

A comienzos del otoño de 1997, se inició el evento deportivo extremo llamado Run Across Arizona, así como también la recaudación de fondos de Rancho Feliz.

Estoy involucrada con Rancho Feliz desde 1988. Habíamos creado algunos eventos divertidos y un poco disparatados para recaudar dinero y productos para los menos favorecidos de la ciudad fronteriza de Agua Prieta, Sonora, México y para los indios tarahumaras de El Cañón del Cobre, México. Hasta el día de hoy, esta organización sigue vigente y vigorosa y continuamos recaudando fondos cada año para distintos proyectos en beneficio de los ciudadanos de Agua Prieta. (Véase: www.ranchofeliz.org)

Mi buen amigo, Gil Gillenwater, fundador y visionario de estos eventos asombrosos y agotadores que exigen un altísimo nivel de resistencia, atraía el interés de fanáticos y amantes de los deportes extremos. El clima seco y soleado de Arizona ofrecía un ambiente ideal para estos deportistas.

Yo estaba más interesada en el hecho de que estos eventos extraordinarios actuaban como infraestructura y de respaldo para los participantes, y sobre los que tenía algunas dudas respecto a su cordura.

El desarrollo de este evento Iba a ser un poco más complejo que el de otros que habíamos realizado en el pasado. Trajimos a los indios tarahumaras, corredores de distancias ultra largas del Cañón del Cobre, para que participen en una carrera con nuestro grupo de relevos.

"Run Across Arizona" contaba con 10 voluntarios y 4 corredores tarahumaras que iban a recorrer 1091 kilómetros durante 114 horas, en una carrera de relevos "sin descanso" desde Kanab, Utah hasta Agua Prieta, México. Se le sugirió a cada donante que contribuyera con una suma determinada por cada kilómetro recorrido y al final se lograron recolectar $160,000 dólares para la organización benéfica Rancho Feliz y para las tribus tarahumaras residentes en el Cañón del Cobre.

Mi labor como integrante del equipo de apoyo era la de evaluar el tramo siguiente de la carrera de relevos en mi vehículo y asegurarme de que no hubiera peligros imprevistos que pudieran afectar a los corredores. Era una labor ideal como voluntaria puesto que no había nada que me gustara más que recorrer los caminos secundarios de Arizona, uno de los estados más pintorescos de los Estados Unidos.

Cuando estábamos a punto de reunirnos en la frontera de Utah para iniciar ese evento agotador, se acercó una camioneta azul plateada. Por la puerta corrediza de la camioneta bajaron o saltaron los primeros cuatro tarahumaras. Todos llevaban sus trajes tradicionales y sombreros de vaqueros de paja blanca. En silencio y observando atentamente, esos hombres se mantuvieron muy cerca el uno del otro. No estoy segura de si alguno de ellos hablaba inglés, o solamente español y la lengua materna de los rarámuris.

En ese momento conocí a Richard Fisher, su entrenador, patrocinador y manager. Richard apagó el motor, abrió su puerta de una patada y se bajó. La emoción flotaba en el aire, porque este equipo era muy conocido en el ambiente de las carreras mundiales.

Un ejemplo era el gran Campeón Nativo Americano, Carrildo Chacarito. A los 43 años, había ganado el primer lugar en la carrera de 160 km del Sendero de la Cima del Pacífico ("Angeles Crest Trail"), el 27 de septiembre de 1997, en Los Angeles. Carrildo llegó en segundo lugar en la tabla general de la carrera de 160 km de Leadville en 1993 en Colorado y finalmente logró demostrar sus habilidades de campeón en 1997. Fue el último campeón internacional de los tarahumara.

Íbamos a comenzar aproximadamente 5 días de carrera de relevos sin descansos a través de Arizona, incluyendo el borde norte del Gran Cañón y recorriendo el camino del sendero de North Kaibab hasta Phantom Ranch, de 21.8 kilómetros, ubicado en el fondo del cañón junto al río Colorado, después seguir por el sendero del borde meridional hacia el sendero Bright Angel, que serían otros agotadores 15.9 kilómetros.

Ese recorrido de borde a borde del cañón sería el tramo más difícil de Arizona, puesto que no existía la posibilidad de ofrecerles un equipo de apoyo en caso de que los corredores sufrieran lesiones o se lastimaran. Y además, ¿quién sería capaz de mantenerse al alcance de los corredores más rápidos del mundo, sobre todo en el Gran Cañón? Exceptuando un tipo, nuestro querido amigo Bob Kite de Arizona quien realmente llegó a correr con ellos. Ojalá hubiera conversado con él un poco más sobre esa experiencia.

Sabíamos que los tarahumaras iban a sobresalir en el evento. El Cañón del Cobre supera el doble de profundidad del Gran Cañón con una altitud de 1615 metros. Sin embargo, ningún integrante de ese equipo de corredores había visto antes el Gran Cañón ni había hecho el recorrido de borde a borde.

Después de dos días de haber iniciado el evento y mientras nos acercábamos a la orilla norte del cañón, se preparaba una tormenta y el viento trajo hielo, nieve y lluvia que se arremolinaban a nuestro alrededor. Me sentía nerviosa y emocionada y el frío calaba mis huesos mientras observaba a esos hombres con sus pantalones cortos y huaraches que no parecían sentir el más mínimo escalofrío mientras el frío y el hielo golpeaba sus rostros.

Recuerdo haber estacionado mi pequeño campero plateado y correr hacia donde el equipo se encontraba de pie a la orilla del cañón. Quería ver la mirada en sus rostros, pues estoy segura de que eran los primeros de su aldea, y hasta de todos los habitantes del alejado Cañón del Cobre que eran testigos de la impresionante vista de nuestro Gran Cañón.

Sus rostros estaban serenos y relajados como si estuvieran en su propia casa en este terreno tan escarpado a pesar de que sus pies con huaraches jamás habían pisado esas tierras. Los vi observar todo con un alto grado de escrutinio mientras fumaban sus cigarrillos. Este era un acontecimiento histórico único y yo tenía el privilegio de presenciarlo.

Me sentía llena de humildad y un poco culpable por lo que estos corredores iban a tener que soportar durante las siguientes horas; desde nieve, hielo, lluvia y viento en las grandes alturas hasta temperaturas que podrían superar los 32°C en el fondo del cañón a principios de octubre.

Los cuatro tendrían que hacer todo el recorrido juntos ya que no era posible que los otros diez corredores mantuvieran su ritmo, y tampoco querían hacerlo. En la cima del borde meridional, cerca del principio del sendero, otro corredor estaría dispuesto a tomar el testigo (estafeta) y comenzar el siguiente tramo de la carrera. Un esfuerzo sencillo comparado con lo que habían experimentado antes.

Fue solo más adelante que me enteré que esos fantásticos corredores creían que todos ellos iban a tener que correr la distancia completa de 1091 kilómetros de borde a borde y ¡estaban dispuestos a hacerlo! Y con seguridad lo hubieran hecho. Sin duda alguna. Imagine el alivio que deben haber sentido cuando se les explicó que solo tenían que recorrer la parte más escarpada de la carrera; y, para nuestro gran asombro, completaron los 37.8 kilómetros de borde a borde en menos de seis horas y después siguieron corriendo cada uno de los catorce tramos del recorrido total hasta llegar a la frontera mexicana al sur de Arizona.

El resto de nuestro equipo debíamos recorrer 344 km en cinco horas para ir desde el borde norte hasta el principio del sendero de Bright Angel en el borde sur y entregar al siguiente corredor que esperaba tomar el testigo (estafeta). Nosotros éramos los afortunados.

Ese día estuve orando. Yo ya había recorrido los senderos del Gran Cañón desde el borde sur bajando hasta Phantom Ranch y regresado a la cima en un día, varias veces en mi vida. Forzar el cuerpo más allá de sus límites era algo extenuante y apasionante.

Los días comenzaban mucho antes del amanecer y terminaban mucho después de la puesta del sol. Y si alguien llegara a resultar herido en el fondo, no hubiera sido sencillo llevar a cabo una evacuación aérea. Ese no es un lugar en el que pudiéramos arriesgar un descuido puesto que nadie podría venir a rescatarnos por largo tiempo.

Rick, el entrenador de los tarahumaras era temperamental y sobreprotector. Tenía muchas reticencias respecto a la seguridad que no podía garantizarle a sus corredores. Hice todo lo posible por mantenerme al margen o por ofrecer soluciones que pudieran ser escuchadas. La mayor parte del tiempo me quedé callada pero también mantuve una actitud positiva y enérgica.

Me sentí bastante desconcertada con la actitud solitaria de los tarahumaras dos años atrás en el Cañón del Cobre y descubrí que su capacidad sobrehumana para correr largas distancias era casi mágica.

114 horas más tarde con amigos y seres queridos, así como con los miembros del equipo, observamos a todos los 14 corredores llegar juntos, cruzar la meta de llegada en la frontera y tocar el famoso muro entre nuestros dos países, los Estados Unidos y México cerca de Douglas, Arizona.

Luego celebramos con mucha alegría en el Hotel Gadsen en Douglas donde llegó una estampida de sedientos corredores y miembros del equipo dispuestos a comenzar a beber varias rondas de cerveza.

Registré más de 4800 km en mi campero viajando de norte a sur por las carreteras secundarias de Arizona y fue un recorrido muy emocionante. En conclusión, había vivido momentos increíbles de lágrimas, risas, pocas horas de sueño, temperaturas extremas y una tremenda satisfacción por haber recaudado fondos y despertado la conciencia a través de la organización Rancho Feliz en favor de los residentes más pobres y menos afortunados de Agua Prieta y para los tarahumaras de México.

Fue solo después de haber entrado en las cuevas de cristales en 2001 que aprendí que el pueblo de Naica y su montaña (fundado en 1828) era una palabra rarámuri utilizada por los tarahumaras para denominar el lugar donde se encontraron los gigantescos cristales de Selenita en el año 2000, un lugar de sombras o como lo llaman en otras traducciones, un lugar sin agua.

Una paradoja entre el nombre y el lugar, porque cuando los españoles adoptaron ese término del lenguaje tarahumara, estoy segura de que no sabían que lo que tenían bajo sus pies era uno de los acuíferos más grandes del mundo que dio origen a los misteriosos cristales gigantes.

CAPÍTULO 9

Una de las más grandes maravillas naturales del mundo
Abril de 2000

El canal de noticias de Discovery Channel señala*: "Abril de 2000: Se descubrieron cristales gigantes en unas cavernas que se encuentran a 300 metros debajo de la superficie de la tierra en Naica, Chihuahua, México"*. Esta noticia fue el comienzo de mi extraordinaria exploración de las cuevas de cristales gigantes de selenita de Naica, Chihuahua, México.

La historia empezó a tomar forma mientras estaba en Agua Prieta, México, el 20 de octubre del 2000, una vez más, durante la recaudación de fondos para la Organización Rancho Feliz, y la repartición anticipada de juguetes navideños a los niños del orfanato.

Allí estaba Rick, el entrenador y patrocinador del equipo de corredores/competidores de los tarahumaras de 1997 y uno de los exploradores de cañones más famoso del mundo, quien estaba en ese momento saliendo del vestíbulo del hotel Gadsden en el pueblo fronterizo de Douglas, Arizona en los Estados Unidos.

Era un día otoñal muy frío de ese año, con vientos borrascosos que provocaban remolinos de polvo en las calles y cubrían de arena las aceras. Cuando estacioné mi campero después de un largo día de viaje desde California, recordé que en otros eventos de Rancho Feliz, había visto a los niños mexicanos jugando en las calles llenas de tierra sin zapatos a una temperatura por debajo de 5°C, lo cual me dejaba totalmente sorprendida. Me estremecí y cubrí mi cuello con la chaqueta mientras corría hacia la entrada del hotel.

Al atravesar la puerta de cristal y bronce pulido del vestíbulo del hotel, Rick estaba saliendo. Nos encontramos cara a cara en la puerta y nos saludamos de nuevo, tres años después de nuestro último encuentro en la maratón "Run Across Arizona" para recaudar fondos para los tarahumaras.

—¿Dónde has estado? —preguntó, mientras yo permanecía de pie y sorprendida ante su pregunta y sin saber que responderle por lo inesperada. —Te he estado buscando durante los últimos tres años sin saber cómo contactarte. Escucha, ¿puedes venir conmigo un minuto o dos? Quiero mostrarte algo—.

Me pidió que saliéramos y que lo acompañara hasta su camioneta estacionada en la calle principal. Estaba tan sorprendida de encontrármelo de nuevo que lo seguí sin pensarlo y sin responderle.

Tenía noticias emocionantes y quería mostrarme algo. Cuando se inclinó hacia adelante en la camioneta y buscó su maletín, empecé a temblar de nuevo ante la inminente tormenta que se avecinaba en la distancia. Sacó seis fotos a color de unos cristales muy grandes.

Lo que estaba viendo se asemejaba a la Fortaleza de la Soledad de Supermán en la forma que hubiera lucido en un planeta distante: pesadas estructuras de cristal tan gruesas como postes y parecidas a enormes vigas que crecían en distintos ángulos, lo suficientemente grandes como para poder caminar sobre ellas.

Mi mente no podía empezar siquiera a registrar la inmensidad de algo como eso. Mis ojos quedaron paralizados en su asombro y tenía dificultades para establecer el tamaño de los cristales ya que mi mente trataba de engañarme respecto a la escala y las dimensiones. Me estaba imaginando miniaturas que habían sido ampliadas para que parecieran mucho más grandes que su tamaño real, pero que eran minúsculas. Algo que un estudio de cine de Hollywood podría haber creado en un set (tal y como lo hicieron para una película titulada "El núcleo", protagonizada por Hilary Swank).

Le pregunté qué era eso. Él me miró con total asombro como si no hubiera entendido lo que trataba de enseñarme. Yo no había querido parecer estúpida, pero le confesé que no entendía qué diablos me estaba mostrando. Tuvo que explicarme que se trataba de los cristales más grandes del planeta y que estaban en México. Lo más fascinante de todo era que él mismo había tomado esas fotografías.

Empecé a emocionarme cuando mi cerebro comenzó a registrar la información. Cuando miré las imágenes más de cerca, empecé a gritar de emoción. No podía contenerme. Nunca había visto algo así y difícilmente podía creer lo que estaba viendo. Cristales gigantes y translúcidos de un azul grisáceo suspendidos en su mayoría del techo y sobresaliendo de los costados de la caverna en ángulos que parecían desafiar la gravedad. ¿Acaso estaba soñando?

Rick se rio de mi entusiasmo y me dijo que guardara las fotos. Me las pediría más adelante. Por ahora, debía emprender su camino inmediatamente. Le quedaba poco tiempo para hacer visitas pero quería detenerse en Douglas para ver a nuestro amigo. Iba de camino al Estado de Chihuahua, México con una invitación de la Mina Peñoles donde se encontraban los cristales, acompañado por un grupo de funcionarios del gobierno mexicano.

Había sido el primer estadounidense en fotografiar esos cristales gigantes desconocidos Y, para hacerlo en la forma apropiada, necesitaban de su experiencia puesto que era extremadamente difícil obtener imágenes claras de las burbujas que había dentro de las capas de rocas de las minas. No tuve tiempo de preguntarle en ese momento por qué era tan difícil obtener imágenes claras. La pregunta quedó registrada profundamente en mi mente para formularla en una conversación futura con él.

Sabiendo que Rick era un explorador, estaba segura de que lo que estaba tramando era un hallazgo espectacular que nadie conocía excepto la gente del Grupo Minero Peñoles de Naica y algunas personas del Departamento de Turismo de Chihuahua. Como de costumbre, tenía prisa por empezar su viaje a Naica, México y me hizo prometer que le devolvería las fotografías en una fecha posterior.

Meses más tarde, después de mudarme a Sedona, Arizona por una breve temporada, finalmente hice el esfuerzo de contactarlo. Yo estaba viviendo en la capital metafísica del mundo famosa por los cristales, los vórtices de energía y la sanación con cristales y ya hacía dos meses que guardaba esas fotografías, sin haberle contado absolutamente a nadie sobre esas maravillosas fotos que tenía en mi poder. No conocía la razón de mi silencio pero sentía que era algo sagrado. No fue sino hasta febrero del año 2001, que descubrí que el canal de noticias de Discovery Channel había publicado un artículo sobre esos cristales en abril del año 2000.

Era el 19 de enero de 2001 cuando llamé a Rick para decirle que quería devolverle, muy a mi pesar, las primeras fotos de las cuevas de cristales.

Se echó a reír y dijo: —Llamaste justo a tiempo. Salgo el lunes a las seis de la mañana para Chihuahua en otra expedición con el gobierno a las minas de Naica para explorar dos nuevas cavidades de cristales que fueron descubiertas apenas en abril del año 2000. -Tengo un lugar disponible para ti si quieres venir.

Antes de que yo pudiera dejar escapar un suspiro de sorpresa, o responder, me dijo: —Sin embargo, estoy fotografiando los cristales no solo para el gobierno sino también para una empresa de ropa deportiva que está patrocinando esta exploración. Se trata de una marca parecida a la marca Patagonia. El catálogo ofrece ropa para condiciones climáticas extremas. El nombre del catálogo es "Rail Riders". ¿Los conoces? —preguntó.

—Oh sí, he oído hablar de ellos —respondí—. Se especializan en un tipo de ropa que se utiliza en temperaturas tropicales y extremas donde los niveles de humedad y calor son muy elevados. La ropa normal como el algodón se deteriora en el cuerpo en muy poco tiempo en este tipo de clima. Este tejido se seca en cuestión de minutos, incluso con humedades extremas. —le dije. Recordaba haber visto el catálogo unos meses antes. Me llamó la atención ver recuadros en varias páginas del catálogo que mostraban aventuras de las personas haciendo cosas increíbles y usando la ropa del fabricante.

—Es correcto, y el lugar al que vamos es un ejemplo perfecto de ese tipo de clima. —dijo en un tono de voz rotundo. Las palmas de mis manos empezaron a sudar un poco. Tenía la sensación de que pronto tendría la respuesta a la pregunta que hacía tanto tiempo llevaba en mi mente sobre por qué era tan difícil fotografiar las cavernas.

—Escucha —dijo en un tono muy serio y luego hizo una pausa, escuchando mi reacción al otro lado de la línea, asegurándose de que yo estuviera prestando mucha atención a la explicación que iba a darme—. Quería ser muy claro con las palabras que diría a continuación: —En esas cavidades de cristales extraordinarios, al fondo del yacimiento, hay fisuras volcánicas en el lecho de rocas que trasmiten el calor de una cámara de magma que se encuentra a un kilómetro y medio debajo del acuífero subterráneo. Sin una entrada natural, son cavidades dentro del lecho de rocas que han sido abiertas a la fuerza por medio de maquinaria minera pesada.

—Esta burbuja dentro del lecho de rocas es lo que ha contribuido para que los cristales crezcan en proporciones tan gigantescas. Actualmente, el nivel de humedad de las cavidades llega casi al 100% y va decayendo lentamente. La cueva más pequeña tiene una temperatura aproximada de 53°C y es muy probable que la Cueva de los Gigantes (posteriormente llamada la Cueva de los Cristales) tenga la misma temperatura y ambas temperaturas están bajando lentamente. Es una condición perfecta para comprobar la durabilidad de esa vestimenta en ambientes extremos. —¿Sigues interesada? —preguntó Rick. Empezaba a tener una extraña sensación de náuseas—. Sí —dije con falsa confianza mientras sentía un nudo en mi garganta.

Rick comenzó a elaborar estrategias en cuanto a sus intenciones respecto a mi participación y dijo: —Lo que quería demostrar y fotografiar en esta expedición es algo así como la cualidad femenina, teniendo cuenta que en casi todas mis fotografías con los cristales aparecen solamente mineros o ingenieros. Por supuesto que no hay luz natural, apenas la linterna de un casco de minero. El interior de esas cavidades es un hoyo negro, con un ambiente similar al de un sauna caliente y húmedo.

Estoy pensando "Oh, eso es genial". Entonces recordé mi encuentro con otros cristales y agujeros negros en 1998 en el condado de Plumas. ¿Qué clase de paralelo había en esos sincronismos?

Necesitaba un poco de tiempo para analizar a fondo su invitación. Le dije que lo consideraría y que lo llamaría luego. Rick me advirtió: —No te tomes mucho tiempo en devolverme la llamada porque salimos para México pasado mañana temprano por la mañana.

Me tomó varias horas reflexionar sobre todo eso. No podía creerlo, pero en verdad estaba considerando no ir debido a otros compromisos que tenía en Sedona. Como aquel nuevo empleo para el que me acababan de contratar.

Entonces me golpeó como si una tonelada de cristales me cayeran sobre la cabeza: era muy probable que yo fuera la primera mujer estadounidense en explorar esas cuevas recién descubiertas. Claro, si reunía el valor suficiente como para superar mi miedo de entrar en un hoyo negro y mi claustrofobia a lugares atemorizantes bajo la tierra, como el ahora famoso por ser uno de los ambientes más hostiles del planeta.

En realidad no necesité demasiado tiempo para tomar una decisión. Incluso si eso significaba perder mi nuevo empleo en la nueva ciudad en que vivía. Pero debo confesar que sentí temor. Miedo de perderme o de quedar atrapada dentro de la mina.

Pero, ¿cuándo volvería a presentarse una oportunidad como esta? Sabía que tenía que ir y salir de mi zona de confort en todos los niveles para experimentar una aventura y exploración única en la vida.

Le devolví la llamada más tarde ese mismo día. Lo siguiente que recuerdo es que mis maletas estaban empacadas y me dirigía a Tucson a encontrarme con Richard el domingo por la noche.

Mientras conducía por el desierto las cinco horas que separaban Sedona de Tucson, pensaba que por lo menos no haría frío en las cuevas. Además era invierno y una temperatura más cálida sería un buen cambio, reflexionaba mientras se dibujaba una pequeña sonrisa en mis labios. Conducía hacia el sur en dirección a Tucson, acercándome cada vez más a una aventura desconocida que podría tener consecuencias peligrosas

CAPÍTULO 10

La Sierra Tarahumara Occidental y sus tesoros
Invierno de 2001

Era temprano en la mañana siguiente, 22 de enero de 2001, cuando dejamos Tucson y condujimos 16 horas seguidas hasta llegar al hotel Palacio del Sol en el centro de la ciudad de Chihuahua, cortesía del gobierno estatal. La ciudad estaba situada a 281 kilómetros al sur de la frontera, de mi ciudad natal de El Paso, Texas.

Teniendo en cuenta que condujimos a través de un interminable paisaje desértico, fue un viaje interesante por carretera porque nos permitió compartir muchas de nuestras aventuras. Al atravesar el seco desierto de Chihuahua bajo el sol invernal, Rick nos relató una gran cantidad de sus viajes extraordinarios por todo el mundo incluyendo su labor con los legendarios indígenas tarahumara del Cañón del Cobre de México. Además, nos contó sobre su increíble descubrimiento del cañón más profundo del mundo del Tíbet. Mientras viajábamos por la carretera principal al sur de El Paso, Texas, en el México profundo, me estaba preparando psicológicamente para lo que iba a suceder al día siguiente. Estaba asustada. Sentía temor ante lo desconocido y no quería admitirlo frente a él.

Cuando llegamos a Chihuahua, nos sentíamos agotados y necesitábamos descansar. Esa noche soñé con un búho blanco que dirigía nuestra expedición a la mina y a las cuevas de cristales. Esa hermosa criatura me habló con entusiasmo: —¡Apresúrate! ¡Apresúrate! ¡Ven! ¡Ven!— Entró volando en las cuevas y nos invitó a todos a acompañarla. Voló en círculos a nuestro alrededor y nos habló, aunque no recuerdo lo que me dijo. De alguna manera mi sueño me tranquilizó y me trasmitió una leve sensación de confianza.

Me desperté con la intuición de que iba a ser un día muy auspicioso y por alguna razón profunda, que yo no podía explicar lógicamente, nuestro grupo estaría protegido de cualquier peligro o lesión.

Eran las siete y media de la mañana y estaba soleado pero fresco cuando nos detuvimos en la sombra frente a uno de los edificios más altos de Chihuahua. Era el 23 de enero y esperábamos que el resto del equipo del Departamento de Estado apareciera para irnos en caravana hacia la explotación minera de Naica donde los misteriosos cristales esperaban ser explorados.

Viajamos en un par de vehículos en dirección sureste a través de la pequeña ciudad de las Delicias que se encuentra en el famoso Camino Real de Tierra Adentro. Se trataba de una ruta comercial de 2560 km entre la ciudad de México y San Juan Pueblo, Nuevo México, utilizada entre 1598 y 1882.

El sendero había sido utilizado extraoficialmente para el comercio entre tribus nativas (los tarahumaras y otros) desde los tiempos más remotos. No se convirtió en una ruta oficial de comercio sino hasta 1598 cuando Oñate siguió el sendero mientras lideraba un grupo de colonos durante la época de la conquista española. Se decía que el viaje desde el Río Grande hasta San Juan Pueblo, en carreta y a pie, duraba aproximadamente seis meses, incluyendo un descanso de dos a tres semanas durante el viaje. Según las bitácoras de los colonos, sacrificaban animales ordinarios que encontraban a lo largo del sendero para alimentarse, junto con la comida que llevaban. El sendero incrementó considerablemente el comercio entre las aldeas españolas y ayudó a los conquistadores españoles a difundir el cristianismo en las tierras conquistadas.

El sendero fue utilizado desde 1598 hasta 1881, cuando el ferrocarril reemplazó el empleo de las carretas como medio de transporte. Eventualmente, los ferrocarriles reemplazaron los senderos llenos de baches y, con el tiempo, el sendero y sus evidencias desaparecieron de la vista y de los recuerdos. Los cambios

UN VIAJE A LAS CUEVAS DE CRISTALES GIGANTES DE SELENITA DE MÉXICO

que trajo el ferrocarril, facilitaron en gran medida el comercio a lo largo de El Camino, y en algunos casos, hicieron que el viaje fuera bastante lujoso.

Cuando abandonamos El Camino Real y nos dirigimos hacia las montañas de Naica al occidente, entramos en el último tramo del camino a Naica.

A medida que nos acercábamos, vimos lo que parecían ser soldados militares que bloqueaban la carretera. Al observar más de cerca, no tenía la certeza de si los soldados llevaban dos carrilleras de municiones cruzadas sobre sus camisas de camuflaje verde y beige.

Parecía que hubiéramos retrocedido a la época de Pancho Villa durante la revolución mexicana viendo a los soldados con sus rostros morenos y gorras del ejército. Sospechaba que estos "militares" estaban esperando algún tipo de soborno por dejarnos pasar. Durante mi niñez en la frontera mexicana, había visto muchísimos problemas y retrasos debidos a las "autoridades mexicanas". Rezaba para que no hubiera ningún problema y efectivamente, después de inspeccionar nuestros vehículos minuciosamente, nos dejaron pasar.

UN VIAJE A LAS CUEVAS DE CRISTALES GIGANTES DE SELENITA DE MÉXICO

En 1794 los señores Alejo Hernández, Vicente Ruiz y Pedro Ramos de Verea encuentran un pequeño filón de plata al pie de una cordillera conocida en forma abreviada como Naica, al sur de la actual ciudad de Chihuahua. El 6 de junio de ese año, se formalizó su descubrimiento por medio del Aviso Oficial sobre "una mina ubicada en el desierto, con el nombre de San José del Sacramento en Aguaje Glen, en la montaña de Naica".

Previamente, no existían referencias sobre la Sierra de Tarahumara (Naica). Pero mi suposición es que los tarahumaras no solo conocían perfectamente esas montañas o cordillera al este de la Sierra Madre sino que además habían recorrido desde siempre El Camino Real y probablemente habitado varios lugares a lo largo de la ruta.

Al parecer el nombre de Naica en el idioma de los Rarámuris (o de los indios tarahumaras) significa: **nai** "lugar entre" y **ka**, "sombras". Otras fuentes lo traducen como "lugar sin agua". No sería muy difícil concluir que si la palabra Naica fue tomada de su lenguaje para denominar esta localización, y que durante 200 años se convirtió en la mina de mayor producción de plata de México, que existía una conexión muy fuerte con los tarahumaras, a quienes considero tan místicos como los gigantescos cristales de selenita. Sin embargo, hasta el momento, no he podido investigar el tema más profundamente respecto a la conexión entre la historia de los tarahumaras y las cuevas de cristales gigantes de selenita o si ellos sabían de la existencia de los cristales antes de que los mineros los descubrieran.

A pesar de que hubo anuncios sobre sus minerales, las primeras excavaciones no se hicieron sino hasta 1828, cuando se estableció el pueblo de Naica. Los acontecimientos transcurrieron muy lentamente.

En 1896, el señor Santiago Stoppelli presenta un reclamo oficial sobre una mina en la Montaña de Naica. Pronto establecieron la Compañía Minera de Naica, y la explotación a gran escala comenzó en 1900.

La importancia de Naica fue tal, que en 1911 llegó a convertirse en municipio. Sin embargo, debido a los estragos de la Revolución Mexicana, la compañía se vio obligada a suspender la explotación, que no continuó sino 13 años después por la Compañía

UN VIAJE A LAS CUEVAS DE CRISTALES GIGANTES DE SELENITA DE MÉXICO

Minera Peñoles, que entró en funcionamiento durante otros cuatro años.

Entre 1928 y 1961, la mina de Naica fue explotada por compañías norteamericanas. A partir de entonces, Peñoles opera la mina con gran éxito, siendo una de las más importantes y productivas del estado de Chihuahua y de México. Actualmente la mina produce principalmente plomo, zinc, cobre y plata, procesando casi un millón de toneladas de mineral al año. La mina se ha destacado a nivel nacional por su gestión ambiental y contaminación mínima.

Era media mañana, el martes 23 de enero, antes de que los funcionarios y la seguridad de la Compañía Peñoles nos garantizaran el acceso a la mina. Nos dieron instrucciones para que descendiéramos por los túneles que nos llevarían a 274 metros bajo la superficie hasta encontrar las dos cuevas de cristales de selenita. Nos reunimos con el resto de nuestro equipo: Carlos Lascanos, explorador muy importante de las cuevas de México, y Sonia Morales del Departamento de Estado y fuimos recibidos por el Gerente de la mina, Roberto González y el Jefe de Seguridad, Alejandri Enrique Escoto.

Cada uno de nosotros estábamos equipados con un casco minero y un cinturón con batería. Y eso fue todo. Aunque hacía frío en la superficie, nos pusimos la vestimenta para climas extremos que Rick nos proporcionó sabiendo que entraríamos en una zona de temperaturas mucho más altas.

Me puse la camiseta blanca sin mangas Rail Riders debajo de una camisa de manga larga y pantalones cortos color azul marino, un par de zapatos tenis, y protectores de rodillas que nunca se mantuvieron en su sitio debido a las grandes cantidades de sudor que en poco tiempo empezaron a salir por los poros de mi piel a causa de la humedad y el calor mientras nos adentrábamos cada vez más en la mina.

Esta mina es considerada uno de los ambientes más hostiles del mundo por el personal minero. En los túneles de la mina se trabaja a una temperatura de 39°C. En las cavidades excavadas por medio de maquinaria pesada del yacimiento, las temperaturas son mucho más altas. Además, en las altas profundidades de la mina, a más de 670 metros bajo la superficie de la tierra, el calor era más intenso aún.

Subimos a la camioneta de trabajo pesado de Alejandri, el Jefe de Seguridad, y lentamente descendimos 300 metros más. Hice lo que pude por mantener controlados mis niveles de ansiedad, distrayéndome con las conversaciones de la cabina.

El calor empezó a aumentar y sentí que la oscuridad comenzaba a rodearnos. Pensé que esto se parecía a un sueño. Cerré los ojos y dejé que la oscuridad y la humedad me envolvieran.

Lo que me pareció una hora después, condujimos hasta donde pudimos estacionar la camioneta en medio del túnel. Salimos de la camioneta y nos quedamos de pie en un sitio que tenía una línea de alumbrado a lo largo del techo del túnel. Había un montículo de tierra y cristales excavados por los buldóceres de los mineros, depositados frente al agujero para cubrir la entrada fácil a la cueva más pequeña.

UN VIAJE A LAS CUEVAS DE CRISTALES GIGANTES DE SELENITA DE MÉXICO

Pensé que era extraño que la compañía minera hiciera algo así pero pronto iba a descubrir la razón.

Después, cuando volvimos a salir a la superficie, la cavidad con los cristales más pequeños fue denominada la Cueva de los Sueños (que más tarde sería rebautizada por los miembros del equipo de National Geographic y el proyecto Naica como el Ojo de la Reina).

Trepamos torpemente sobre la tierra y los cristales rotos de selenita esparcidos por el suelo y nos dirigimos hacia una pequeña escalera de madera que había sido colocada en ese lugar para nuestra exploración.

Las primeras imágenes fotografiadas, mostraron sorpresivamente la luminosidad de los cristales que se encendían ante el flash de la cámara como si todo el lugar estuviera iluminado con electricidad.

Subimos por la escalera con apenas la luz que procedía de las bombillas que colgaban a lo largo del techo del túnel e iluminaban los escalones. Encendí la linterna de mi casco y vi el camino por donde debía trepar para atravesar un agujero y arrastrarme sobre cristales gigantes de selenita, irregulares y puntiagudos.

Sentí el golpe del calor, la humedad y la oscuridad sobre mi cuerpo. ¡Ese olor! Aspiré a través de mis fosas nasales. Era como tierra ancestral asándose en un horno muy caliente. El olor me recordó lo que yo había imaginado que sería el olor de un sarcófago antiguo en la tumba de una pirámide, exceptuando el calor.

Gateé lentamente hacia adelante en esa cueva oscura con solo un pequeño rayo de luz, agarrándome de las puntas de los cristales calientes con mis manos sin guantes. Me deslicé cuidadosamente sobre la espalda a través de una pequeña cavidad hasta salir a una cámara más grande.

Lo que estaba viendo era increíble. Con el vapor que surgía donde quiera que mirara, tuve que ajustar mis ojos parpadeando para alejar la humedad. El calor podía quemar los ojos. Lo que vi parecía una cascada enorme de cristales azules en forma de romboedros planos de cristales de selenita apilados y pareciendo congelados a unos seis metros de altura.

UN VIAJE A LAS CUEVAS DE CRISTALES GIGANTES DE SELENITA DE MÉXICO

Mi casco de minero no encajaba bien en mi cabeza. Se caía sobre mi cara debido al peso de la linterna y a las correas sueltas. Se convirtió en una fuente constante de irritación porque tenía que prestarle atención a lo que era más importante para mí, como encontrar la forma de seguir trepando. Era muy difícil mantenerme enfocada porque empezaba a perder la percepción de mi misma en este lugar.

Esta pequeña incomodidad iba a ser una bendición disfrazada cuando solo logramos rescatar algunas imágenes con fines académicos y de investigación. La mayoría de las imágenes o diapositivas quedaron inservibles como resultado del rayo de luz que salía de mi casco de minero y caía directamente sobre la lente de la cámara. Como resultado, el fotógrafo quedaba encandilado por la luz al tomar las fotos. Después, al examinar las fotografías un poco más tarde, terminamos tirando todo a la basura debido a su mala calidad. Le pregunté al fotógrafo si no le importaba que me quedara con algunas de esas fotografías para mi uso personal. Me concedió el permiso y eso para mí resultó ser uno de sus destinos más afortunados.

No tenía idea de que esas fotos desechadas iban a representar el comienzo de un nuevo capítulo o un apasionado propósito en mi vida. Pronto empezaría a compartir con personas de todo el mundo esas imágenes y mi aventura/historia sobre los cristales gigantes. Me tomaría años de aprendizaje e investigación para llegar a hablar claramente sobre esos cristales y su impacto. Era una labor hecho a mi medida.

CAPÍTULO 11

La cascada de los cristales congelados. La Cueva de Los Sueños

Para mí, el intenso calor y el enorme tamaño de los cristales eran abrumadores. ¿Cómo es posible que estuviera viendo una cascada de cristales congelados que parecía tan fría como el hielo y que pudiera existir en estas temperaturas tan altas? Lo que estaba viendo no tenía lógica para mí, ya que con lo único que contaba en esta caverna tan oscura era con la pequeña luz de mi casco.

Al mirar al otro lado de la grieta, tuve deseos de saltar hacia donde comenzaba la cascada de cristales, pero eso no era posible. Había una cámara más abajo que separaba la cascada del punto por el que habíamos entrado y hacia adonde escalaríamos a continuación. Bajamos seis metros hasta el fondo de la cámara y luego empezamos a subir por el otro lado hacia donde se encontraba la cascada de cristales. Parecía que podría subir sencillamente, pero mis manos sudorosas hacían que los cristales se volvieran resbaladizos y peligrosos. El calor empezaba a hacerme sentir ahogada. Mis rodilleras no me ayudaban porque se me resbalaban por las espinillas debido a la humedad y al sudor.

Totalmente maravillada ante ese panorama increíble, empecé a planear los movimientos que haría a continuación: tenía una cascada de cristales de selenita gigantes que estaba a seis metros de altura frente a mí; la iba a escalar o más bien a gatear hasta allá. Los cristales eran hermosos y translúcidos. Parecían emanar una tonalidad azul pálida como reflejo del color azul de mi ropa. Cuando llegué a la cima de la cascada de cristales, el calor era aún más intenso.

Mi corazón latía tan rápido que pensé que no lograría llegar. Esta sensación no era solo producto de la emoción que sentía al ver algo que mis ojos no podían creer que fuese real. Mis órganos empezaban a calentarse desde adentro sin que pudiera refrescarme. Treinta minutos en el interior de esa caverna podrían matarte ya que tus órganos internos se cocinarían. Yo sabía que llevábamos ahí más de treinta minutos, por lo que tratar de explicar cómo soportamos ese ambiente sería imposible y probablemente milagroso.

Pero de nuevo recordé el sueño de la víspera en el que el búho blanco prometió que estaríamos a salvo y, por alguna razón, eso me brindó mucho alivio. Confiaba en ese sueño y estoy segura que psicológicamente tuvo un gran efecto en mí.

El calor y el sudor escurrían por mi cuerpo, lo que dificultaba que pudiera agarrarme de los cristales. El calor de los cristales era casi insoportable al tacto y el efecto de astillamiento de los cristales de selenita que empezaban a secarse, dificultaban mi concentración para saber hacia dónde mirar y por dónde seguir.

Tuve que hacer un esfuerzo enorme para no entrar en pánico. Detrás de la cascada de cristales había cristales de selenita dentados aún más grandes que conducían hacia lo que parecía el fondo de la cueva. Era un hueco negro. El miedo me atenazaba. Sentía como si estuviéramos dentro de un gigantesco vientre de la Madre Tierra. Y en realidad así era.

En el año 2001, se estimaba que el tamaño de esa cueva más pequeña era de unos 600 metros. Entré a una zona que nunca había sido explorada antes, mientras Rick tomaba múltiples fotografías en rápida sucesión. Era muy difícil avanzar y dolorosamente lento en una carrera contra el tiempo para explorar esa parte desconocida de la cueva y salir de ahí antes de que quedáramos inconscientes o nos lastimáramos.

Había un hermoso y enorme pilón al final de la cueva que nunca antes había sido explorado. Mi objetivo era llegar hasta esa viga y seguir más allá. ¡Era enorme! Con cuatro lados sólidos de cristal puro, parecía un puente de cristal. Todos los pilones existentes en ambas cuevas pesaban en promedio unas sesenta toneladas.

UN VIAJE A LAS CUEVAS DE CRISTALES GIGANTES DE SELENITA DE MÉXICO

Estaba comenzando a sentirme extremadamente ansiosa pero evitaba al máximo que se notara. Me sentía mareada y me preocupaba la posibilidad de caerme y lastimarme seriamente. Pensé que Rick había subestimado el calor. Se sentía como si la temperatura fuera de 54°C.

Un extraordinario cristal de selenita parecía estar colgado en el aire y tenía el tamaño de un auto compacto. Literalmente parecía desafiar la gravedad. Su geometría era extraordinaria. Las líneas romboidales convergían en un punto perfecto semejando un triángulo invertido que estaba justo encima de mi cabeza. Muchos de los cristales eran casi transparentes y más allá de la perfección. Pensar que antes nadie había estado allí fue algo que contemplaría durante muchos años.

UN VIAJE A LAS CUEVAS DE CRISTALES GIGANTES DE SELENITA DE MÉXICO

La luz emanaba a través de los cristales y me devolvía su reflejo desde todas las direcciones. Los causantes eran el flash de la cámara de fotografía y las luces de los cascos que se reflejaban en las caras de los cristales de selenita. Pero parecía como si hubiera otra fuente de luz que provenía de las áreas que no estaban tan iluminadas. ¿De dónde venía esa luz?

¿Estaba perdiendo la razón o acaso escuchaba un murmullo apenas perceptible? Pensé que podría ser la maquinaria minera pero no había nada que pudiera emitir ciclos tan bajos en hercios. ¿Provenía de los cristales en sí? Me preguntaba si alguien más podía escuchar ese sonido extraordinario. Nadie lo mencionó y fue mucho tiempo después de esa experiencia que recordaría haberlo escuchado.

Para tratar de explicar ese sonido, diría que se escuchaba como si fuera el pulso de la tierra que llamamos la Resonancia Shuman (véase: www.earthbreathing.uk.co/sr.htm) y apenas podía creer que hubiera escuchado realmente ese sonido proveniente de la tierra.

Procurar resolver el problema de la humedad que afectaba a las cámaras para obtener buenas imágenes era extremadamente difícil, pero Rick había encontrado una solución. Como fotógrafo profesional aclamado en el mundo entero, resolvió los problemas que producían fotografías empañadas o borrosas.

La solución fue utilizar filtros transparentes de cristal sobre los lentes, que permitían que las cámaras se adaptaran al calor extremo. Ninguna cámara digital podía servir, solo las cámaras manuales con rollos película de 35 milímetros. Incluso en ese caso podían fallar, por lo que debíamos traer varias cámaras para que se aclimataran antes de usarlas.

Apenas en el 2006, el Proyecto Naica logró traer cámaras digitales envueltas en plástico que se dejaban durante dos horas en las cuevas para que se aclimataran a las altas temperaturas antes de tomar las fotos. Aun así, no se podía garantizar que las cámaras funcionaran, como ocurrió con frecuencia.

Rick trató de calmar mi sensación de pánico gritando por encima de la grieta que nos separaba: -¡Trata de relajarte!- Me recordó que yo había vivido veinte años en el abrasador verano de Arizona y que debería estar acostumbrada al calor. -Lo dudo, -murmuré sarcásticamente sin dirigirme a nadie en particular.

Sentía como si me hubiese derribado un tsunami de energía. Me sentía alterada más allá de las palabras. Sentía como si oleadas de energía e información recorrieran mi cuerpo. Mi corazón estaba acelerado. Todos ajustábamos nuestros cinturones de cuero con baterías porque perdíamos peso por la deshidratación.

Traté de inhalar lentamente el aire caliente para calmar los latidos de mi corazón. No había escapatoria. Tuve que elegir mi camino despacio y con cuidado en la oscuridad para volver a la entrada de esa cueva.

Después de terminar varios rollos de película y agotar unas cuantas baterías del flash de la cámara, empezamos a salir lentamente para volver a los túneles de la mina principal.

UN VIAJE A LAS CUEVAS DE CRISTALES GIGANTES DE SELENITA DE MÉXICO

Los túneles de la mina estaban a una temperatura de 38°C debido a un par de ductos de ventilación que habían sido perforados desde la cima de la montaña Naica. (En 2009, la mina perforó un nuevo ducto llamado el Hoyo de Robín de más de 600m de longitud). Se sentía como si tuviéramos aire acondicionado. Tomamos grandes cantidades de Gatorade y otros líquidos. Las latas de aluminio con 38°C de temperatura se sentían frescas al tacto después de haber permanecido en las cuevas que parecían tener 52°C. Estábamos completamente entrapados en sudor como si hubiéramos estado en un sauna súper caliente.

Me sentía agotada al terminar la exploración de la cueva más pequeña, pero teníamos que prepararnos para entrar en la Cueva de los Gigantes de Cristal y fotografiar los aproximadamente 36 enormes cristales de selenita.

Las últimas investigaciones indican que los cristales necesitaron más de un millón de años para crecer a partir de un grano de sal hasta llegar a esas dimensiones gigantescas. Otro de los hallazgos del año 2013 indica que esos misteriosos cristales de selenita registran el crecimiento más lento de la naturaleza. ¡Necesitan un siglo para crecer el equivalente al grosor de un cabello humano!

Estaba sentada en el piso fuera de la cueva, esperando a los demás con la cabeza entre mis rodillas. Fue en esos momentos que empecé a preocuparme de no poder explorar la cueva más grande y ver los cristales realmente gigantescos. Mi cabeza palpitaba de dolor con una jaqueca y sin importar la cantidad de líquido que tomara, seguía sintiéndome deshidratada. Imploré pidiendo fuerza y valor. Me sentía mareada.

También sentía temor. No había nadie que me orientara y me indicara a dónde ir o cómo cuidarme. No tenía idea de lo que podía esperar y no me sentía preparada físicamente para ese tipo de exploración en absoluto.

Después supimos lo peligroso que era permanecer más de treinta minutos en las cuevas. Desmayarse debido al agotamiento por calor era una posibilidad muy real. Las neuronas comienzan a morir a los 41.8°C. Y no teníamos un equipo de rescate esperando por nosotros en caso de emergencia en las afueras de las cuevas ni en los túneles de la mina.

Pasaron años antes de que descubriera que el cuerpo puede

sufrir serios daños físicos cuando es expuesto a esos extremos de calor y humedad. Una verdadera amenaza es el daño neurológico, ya que el cuerpo no puede enfriarse cuando está expuesto a una humedad del 100%. Si el cuerpo se somete a más de 40°C, existe la posibilidad de quedar inconsciente. Cuando exploré por primera vez las cuevas, no contaba con esa información. Tampoco me informaron sobre los peligros físicos distintos del peligro evidente que implicaba escalar las rocas.

Todos estábamos en verdadero peligro y sin embargo pasamos por alto nuestros riesgos. Por un lado, fue una insensatez, pero por el otro, ha sido una oportunidad que quedará grabada para siempre en mi mente.

Alejandri, el Jefe de Seguridad, vestido con enterizo de protección y ropa interior larga, nos pidió que nos subiéramos a la camioneta y condujo nuestro agotado grupo de exploradores hacia el ducto de ventilación que suplía de aire fresco de la superficie a la mina de Naica.

Salimos de la camioneta y nos sentamos donde pudimos para descansar y restaurar el cuerpo exponiéndolo a temperaturas más bajas. Eso fue lo más aproximado que tuvimos a una cámara de aclimatación y muchos años antes de que llegara una tecnología más sofisticada a las cuevas proporcionada por el Grupo La Venta en 2006 o por los equipos de científicos del Proyecto Naica y de NatGeoTV que levantaron una tienda de refrigeración llamada Ice Cube y crearon trajes de refrigeración especializados y máscaras respiratorias para los científicos.

UN VIAJE A LAS CUEVAS DE CRISTALES GIGANTES DE SELENITA DE MÉXICO

Me recosté para tratar de enfriar el cuerpo y casi me quedo dormida mientras miraba hacia arriba por la rejilla que dejaba pasar un poco de la luz del día a 274 m por encima de nosotros. Podía ver el ventilador que circulaba en el interior del ducto y nos traía aire fresco. Alejandri parecía estar disfrutando, sintiéndose cómodo en los 40°C y contándonos historias sobre la mina de Naica.

Sentándose a nuestro lado y recostándose contra la pared del túnel incrustado de minerales, comenzó así: Los mexicanos han excavado estas tierras por más de doscientos años. ¡Son muchas las historias de este lugar! La Cueva de las Espadas se descubrió en 1910 al interior de la mina. En ese momento, a tan solo 121 metros de profundidad, fue el mayor descubrimiento de cristales de selenita. Medían menos de un metro de largo y eran de una sola hoja. Los geólogos de todo el mundo vinieron a Naica para estudiar estos cristales porque habían estado dentro y fuera del agua a medida que el nivel del agua había subido y bajado varias veces dijo.

Plomo, plata y zinc son los minerales que se explotan comercialmente pero también existen muchos otros minerales. Aquí se puede encontrar calcita, cobre, tirita, malaquita, azurita y algunos cristales de celestita. Nos miró para ver si le estábamos prestando atención. Era como si nos estuviera contando un cuento para ir a dormir. Sentía el peso de mis párpados mientras las aspas del ventilador del ducto de aire seguían girando por encima de nosotros.

Continuó: En abril del año 2000, dos mineros mexicanos, los hermanos Delgado, que en aquel entonces eran empleados de la mina, descubrieron los cristales mientras buscaban en el yacimiento una nueva veta principal de plata. Y el resto se podría decir ahora que es historia. Sonrió como si el esfuerzo de los mineros hubiera sido fácil, lo que obviamente no había sido así.

Todo eso era muy interesante para mí ya que nunca antes había estado en una mina en operaciones, sin embargo, me sentía abrumada por mi propio agotamiento como para prestarle verdadera atención a nuestro jefe de seguridad que parecía disfrutar de la relajación en el calor. Llevaba su traje de protección y su ropa interior roja y larga para poder lidiar con temperaturas externas de 40°C y las temperaturas más altas del interior.

Maravillada ante su capacidad de soportar esas temperaturas extremas, ignoraba que lo peor estaba aún por llegar.

CAPÍTULO 12

La Cueva de los Gigantes de Cristal

Al cabo de una hora, después de recuperarnos de la exploración de la primera cueva y de que el sudor casi se había secado por completo en nuestra piel, condujimos unos cinco minutos por el túnel hasta llegar a una bifurcación en el pasadizo. Sobre una de las aberturas había un muro de hormigón completamente sellado con una puerta de hierro oxidado y un pesado cerrojo.

La Cueva de los Gigantes y la Cueva de Los Sueños (más tarde rebautizada como El Ojo de la Reina por los equipos de la National Geographic y de La Venta en 2008) están conectadas por medio de una pared colindante.

Cuando la noticia se difundió alrededor del mundo de que se habían encontrado cristales gigantescos en la mina, algunos de los mineros trataron de extraer los cristales y venderlos en el mercado negro de México. Sin embargo, el peso y el gran tamaño de los mismos hacían que fuera casi imposible y muy peligroso intentarlo.

Un hombre había muerto en la Cueva de los Gigantes por utilizar métodos arcaicos para retirar los cristales de allí. No tuvo suficiente tiempo y perdió el conocimiento. Cuando finalmente lo encontraron, su cuerpo se había cocido por dentro hasta morir.

Conservo algunas de las primeras imágenes de las cuevas en las que aparece su cuerda colgando todavía desde lo alto de un gran pilón. La administración decidió incrementar la seguridad y en aquellos tiempos, el uso de una puerta de las prisiones de los años 1800 parecía tan bueno como cualquier otro método para mantener alejados tanto a los intrusos como a los saqueadores.

Cuando Alejandri introdujo la llave en el cerrojo y se abrió la pesada puerta de hierro de prisión, una ráfaga de aire negro, húmedo y caliente como el de un sauna súper caliente nos golpeó en la cara. Casi me tumba, no debido a la fuerza sino por la sensación de peligro inicial de intenso calor. Todavía me sentía débil y exhausta debido al calor que había experimentado en nuestra exploración anterior. En ese punto, ni siquiera nos habíamos acercado a lo que entonces se llamaba el Ojo de la Reina, también conocida como la entrada a la cueva. En ese lugar, los mineros abrieron un agujero en el lecho de roca igual al de la primera abertura. Al otro lado de ese agujero, una pared de cristales de selenita destellaba con el flash de la cámara.

Después de recorrer otros 6 metros, subimos tres escalones de concreto y llegamos a una abertura que parecía un ojo enorme compuesto de cristales de selenita.

UN VIAJE A LAS CUEVAS DE CRISTALES GIGANTES DE SELENITA DE MÉXICO

UN VIAJE A LAS CUEVAS DE CRISTALES GIGANTES DE SELENITA DE MÉXICO

El calor era absolutamente sofocante. Calculamos que hacía alrededor de 53°C en el interior y el 100% de humedad (en 2001). Agarré un pañuelo empapado en agua fría y lo puse sobre mi rostro.

Alejandri nos guio. ¡Lo que vi fue increíble! Era realmente un mundo extraño jamás visto en el planeta Tierra. Entramos en una geoda gigantesca en la que había estructuras monumentales, cristales sólidos de selenita de nueve a doce metros de altura. Se entrecruzaban saliendo de todas las direcciones, con un cristal enorme en el suelo. (En 2013 descubrimos que esos gigantes tienen más de 1 millón de años de antigüedad). Me sentía como si hubiese entrado en un sueño. Estaba sobrecogida y en un estado alterado de conciencia debido a su energía, sintiendo todo el peso de mi cuerpo agotado y empezando a deshidratarme.

Me arrodillé y puse mi mano sobre una de las planchas o pilones sólidos muy calientes. Se sentía tan sólido como el acero y tan vivo como los troncos de los árboles. Nada de lo que existía en mi realidad me había preparado para semejante lugar. Estaba completamente atónita.

En esa primera etapa del descubrimiento, el lugar era un misterio total, porque solo unas pocas personas sabían algo al respecto. ¿Qué había ocurrido allí realmente para que se formaran esos cristales monumentales? No teníamos respuestas a esas preguntas y durante mucho tiempo, por lo menos seis años más, nadie las tendría.

En 2008, la National Geographic presentó y trasmitió su primer documental sobre las Cuevas, producto de las exploraciones de un equipo de científicos. Luego "NatGeoTV" presentó la segunda exploración en 2009 y 2010 para el mundo y su segundo documental se trasmitió en el otoño de 2010.

En 2001, tratamos de cubrir la mayor cantidad de terreno posible, pero la cueva era mucho más profunda y oscura. No solo eso, no contábamos con el equipo de protección ni la vestimenta adecuada para permanecer en las cuevas por un tiempo más largo. Fue solo años después que los ingenieros y mineros lograron instalar luces de fondo detrás de algunos de los cristales, para que los nuevos científicos y equipos de exploración pudieran permanecer más tiempo en las cuevas. Ellos solo podrían hacerlo si usaban los trajes especializados y los respiradores que se desarrollaron años después de que nosotros, los primeros exploradores, entramos en las cuevas. En 2001, nadie consideró lo que se necesitaría para alargar nuestra permanencia dentro de las cavernas. Nuestro equipo de investigación subestimó realmente los riesgos que asumimos en nuestras vidas para poder continuar con el objetivo de explorar la totalidad de las cavernas.

¡Teníamos que darnos prisa! El calor hacía que fuera imposible permanecer ahí más de cinco minutos cada vez. El desafío era hacer la exploración en total oscuridad, con excepción de la luz de nuestros cascos. No sabíamos en ese momento que más adelante se llegaría a estimar que las dimensiones de la caverna eran similares a las de un campo de fútbol en su anchura y con la altura de un edificio de cuatro pisos.

Tener que salir tan rápidamente para recuperar nuestra temperatura corporal no nos dejaba mucho tiempo para explorar en mayor profundidad los recovecos de la caverna. Eso representaba todo un desafío. ¿Cómo lograríamos avanzar cada vez más al interior de la caverna respecto a la vez anterior, si teníamos que permanecer la misma cantidad de minutos y con todo y eso cubrir una distancia mayor?

UN VIAJE A LAS CUEVAS DE CRISTALES GIGANTES DE SELENITA DE MÉXICO

Tuve que volver tres veces más a la Cueva de los Gigantes de Cristal porque un humano no podía permanecer consciente por más de cinco o seis minutos en determinado momento sin desvanecerse debido al calor extremo.

Queríamos explorar la cámara de cristal hasta donde fuera posible, en una carrera contra reloj que avanzaba peligrosamente, comprometiendo nuestras vidas. De nuevo, el desafío era superar las condiciones ambientales y arrastrarnos sobre trozos afilados y quebradizos de cristal en una oscuridad casi total.

Imagínense que alguien les diga que tienen que explorar un campo de fútbol en su totalidad en menos de cinco minutos o no saldrán con vida. No es de extrañar que apenas en 2007 o 2008 lograron inventar trajes especializados. Esos trajes de "enfriamiento termoeléctrico" consistían de un enterizo, una máscara y suficiente espacio debajo como para ponerse un chaleco con una docena de cilindros de hielo para enfriar la parte posterior y frontal del pecho. Eso protegía los órganos del cuerpo evitando el recalentamiento. Los numerosos equipos científicos que fueron a ese lugar tuvieron que tomarse su tiempo para hallar las respuestas a sus preguntas relacionadas con nueva vida procedente de las bacterias, la edad de los cristales y establecer si ese era el único lugar o había más cavernas subterráneas en la Cordillera de Naica.

Con el propósito de llegar a una zona que más adelante describiría como el pabellón de los pilares de cristal, tuvimos que atravesar cristales puntiagudos similares a colmillos de tiburón, conocidos hoy en día como la formación más gigantesca de cristales "flor del desierto" de selenita del mundo. Eran extraordinarios y muy hermosos en su claridad casi transparente y además ¡gigantescos! Lo que veíamos parecía una escena prehistórica en donde todo era enorme, desconocido y amenazador. Para nosotros, los seres humanos modernos, ver y experimentar eso era algo totalmente nuevo. Las flores tenían de 1.2 a 2.4 metros de altura medidas desde el piso de la caverna. Tuvimos que caminar despacio y mirar con cuidado por dónde pisábamos porque eran afiladas, puntiagudas y quebradizas.

UN VIAJE A LAS CUEVAS DE CRISTALES GIGANTES DE SELENITA DE MÉXICO

Trepar y pasar por encima de esas puntas probó ser tedioso y agotador y consumía nuestro precioso tiempo para explorar más allá de los confines de la caverna de cristales gigantes.

Después de dejar atrás las flores gigantescas, cruzamos un pilar de cristal (el más grande que se había derrumbado en las cuevas) donde pudimos ponernos de pie o arrodillarnos bajo varios pilones gigantescos que afloraban por encima de nuestra cabeza. Rick fue testigo de mi fascinación mientras yo miraba hacia arriba y me estiraba para alcanzar uno de los cristales que se veía absolutamente perfecto en sus proporciones y pureza. Y ahí es donde se tomó la fotografía que apareció publicada en el ejemplar de abril de 2002 de la Revista Smithsonian. De hecho, ese artículo implica ante el mundo el hecho histórico del descubrimiento y el tamaño increíble de esos cristales como los más grandes del mundo. Antes de ese descubrimiento, no existían pruebas reales para hacer una declaración tan audaz, por lo que hubo que esperar dos años antes de anunciarlo mundialmente. El artículo se encuentra a continuación: (Los primeros comentarios no son totalmente correctos en su descripción.)

Cristales Rayo de Luna
"Un par de mineros mexicanos encuentran una cámara llena de lo que podrían ser los cristales más grandes del mundo".

Por John F. Ross
SMITHSONIAN MAGAZINE ABRIL 2002

Debajo de la superficie de una aislada cordillera de México existen dos cámaras esplendorosas: cristales translúcidos de longitud y circunferencia similar a pinos adultos yacen apilados unos encima de otros, como si los rayos de luna de repente hubieran adquirido peso y sustancia.

En abril de 2000, los hermanos Eloy y Javier Delgado encontraron lo que los expertos creen que son los cristales más grandes del mundo mientras excavaban un nuevo túnel a 300 metros de profundidad en la mina de plata y plomo de Naica al sur de Chihuahua. Eloy, de 40 años, trepó a través de una pequeña abertura que lo llevó a una caverna de 9×18 metros repleta de inmensos cristales. "Era hermoso, como la luz que se refleja en un espejo roto", dijo. Un mes más tarde, otro equipo de mineros de Naica encontró una caverna aún más grande contigua a la primera.

Los funcionarios de la Compañía Peñoles, propietaria de la mina, mantuvieron en secreto el descubrimiento debido a su preocupación ante el riesgo de

UN VIAJE A LAS CUEVAS DE CRISTALES GIGANTES DE SELENITA DE MÉXICO

vandalismo. Sin embargo, no muchas personas se atrevían a entrar debido a las altas temperaturas que rondan alrededor de los 65°C, con una humedad del 100%.

"Ingresar en la gran caverna es como entrar en un horno", relata el explorador Richard Fisher de Tucson, Arizona, cuyas fotografías aparecen en estas páginas. "En unos segundos, tu ropa se empapa del sudor". Richard recuerda que sus emociones fluctuaban entre el asombro y el pánico.

Fisher dice que una persona puede permanecer dentro de la cueva sólo de seis a diez minutos antes de sentirse desorientada. Después de tomar sólo unas pocas fotografías, "Tuve que concentrarme realmente para poder volver a la puerta que estaba apenas entre unos nueve a 12 metros de distancia". Después de un breve descanso, volvió por otro par de minutos. "Prácticamente tuvieron que sacarme cargado de ahí después de eso", dijo Fisher.

Los geólogos conjeturan que una cámara de magma o una roca fundida sobrecalentada que yace de 3 a 4 kilómetros bajo la montaña, forzó la ascensión de fluidos ricos en minerales a través de una falla hacia las fisuras del substrato de piedra caliza cerca de la superficie. Con el tiempo, ese líquido hidrotérmico depositó metales tales como el oro, la plata, el plomo y el zinc en el substrato de piedra caliza. Esos metales se han extraído desde que los primeros buscadores de oro descubrieron los depósitos en 1794 en una pequeña hilera de colinas al sur de Chihuahua.

Pero en unas pocas cuevas las condiciones fueron ideales para la formación de otro tipo de tesoro. Las aguas subterráneas de estas cuevas, ricas en azufre proveniente de los yacimientos de metales contiguos, comenzaron a disolver las paredes de piedra caliza, liberando grandes cantidades de calcio. Ese calcio, a su vez, se combinó con el azufre para formar cristales en una escala nunca antes vista por los seres humanos. "Puedes sostener en la palma de tu mano la mayoría de los cristales que existen en el planeta", nos dice Jeffrey Post, un curador de minerales de la Institución Smithsonian. "Ver cristales tan gigantescos y perfectos realmente produce una expansión de la mente".

Además de las columnas de 1.2 metros de diámetro y 15 m de largo, la caverna contiene hilera tras hilera de formaciones semejantes a los dientes de un tiburón que miden hasta 1 metro de altura, y que presentan todo tipo de ángulos peculiares. Por su pálida translucidez, esa forma cristalina del yeso se conoce como selenita, y debe su nombre a Selene, la diosa griega de la luna. "Bajo las condiciones perfectas", nos dice Roberto Villasuso, superintendente de la mina de Naica, "el crecimiento de estos cristales habría tomado entre 30 y 100 años".

Hasta abril de 2000, los funcionarios mineros habían restringido la

UN VIAJE A LAS CUEVAS DE CRISTALES GIGANTES DE SELENITA DE MÉXICO

exploración en un costado de la falla, debido a su preocupación de que la excavación de un nuevo túnel podría provocar la inundación del resto de la mina. Tan solo después de extraer el agua de la mina por medio del bombeo, el nivel del agua bajó lo suficiente como para permitir su exploración. "Cualquiera que conozca la zona", dice Fisher," se mantiene en ascuas, porque en cualquier momento se podrían descubrir cavernas con formaciones de cristales aún más fantásticas".

Previamente, los ejemplares de cristales de selenita más grandes del mundo provenían de una caverna cercana descubierta en 1910 en el mismo complejo de cuevas de Naica. Varios ejemplares de la Cueva de las Espadas se exhiben en el Janet Annenberg Hooker Hall de Geología, Gemas y Minerales, del Museo Nacional Smithsonian de Historia Natural".

UN VIAJE A LAS CUEVAS DE CRISTALES GIGANTES DE SELENITA DE MÉXICO

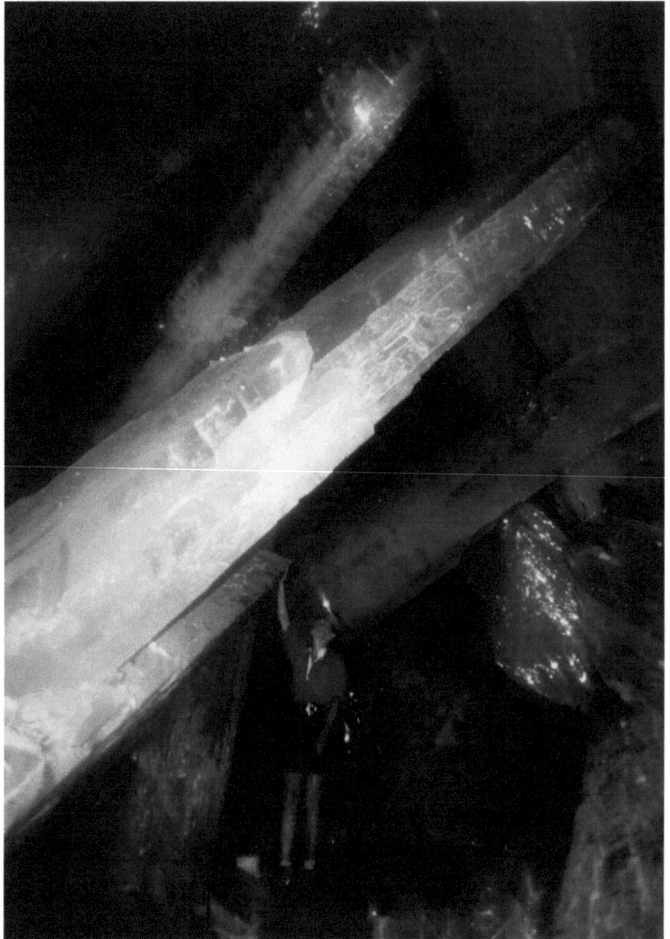

Foto publicada en la Revista Smithsonian 4-2002

Fue mucho tiempo después, cuando los otros equipos de científicos llegaron a Naica a comienzos de 2006, que pudimos comprender claramente que esas eran las cuevas con los cristales más grandes que se hayan encontrado en el planeta Tierra.

Más profundamente en la cueva, cuando solo nos quedaban un par de minutos, hallamos troncos enormes de cristales del tamaño de Sequoias gigantes. Una columna medía casi dos metros de ancho de cristal puro. En ese momento fue que encontré la soga del hombre que había muerto tratando de robar uno de los cristales más pequeños que colgaba del techo de la caverna.

Estoy segura de que utilizaron esa táctica cuando se descubrió la Cueva de las Espadas en 1910, porque he visto varias de esas muestras para la venta durante años en algunas de las exhibiciones de piedras preciosas y minerales de los Estados Unidos. Las hojas medían apenas un metro de largo. Sin embargo, esos cristales demostraron ser muy resistentes al rompimiento y a los ladrones se les acabó el tiempo antes de poder escapar con un cristal más pesado que ellos.

Ver la soga en ese ambiente alucinante me hizo sentir como si estuviera viendo una película ciencia-ficción. Mucho después, cuando miraba las diapositivas y las fotografías, mi sorpresa más grande fue darme cuenta de que nos veíamos enanos en comparación con esos enormes seres vivos que parecían enviar mensajes desconocidos y misteriosos sobre sus orígenes.

Además, me pareció como si emanaran una tenue luz azul pálida desde su interior y a través de ellos y que en realidad no provenía del reflejo de nuestra ropa.

Cuando ya no podíamos soportar el calor, salimos a tientas del lugar, enceguecidos por el sudor que escurría por nuestros ojos y completamente empapados y exhaustos. Tan pronto nos sentimos algo recuperados, era inevitable que regresáramos a las cuevas llenos de valor. Nuestra curiosidad era innegable y nos impulsaba más allá de nuestros límites de supervivencia.

Notamos que habíamos perdido fácilmente más de dos kilos de peso en agua porque teníamos que ajustar una y otra vez nuestros cinturones con baterías en torno a la cintura.

Tener que salir corriendo de la cueva lo más rápido posible después de cada visita le generaba frustración a nuestro fotógrafo. Tomábamos fotografías en secuencia rápida en muy corto tiempo. Anduve a tientas y gateé y exploré todo lo que pude en esa caverna. Yo llamaría a esto de gatear en casi total oscuridad, como mis momentos de "percibir en la oscuridad" mientras buscaba tesoros de cristal. Entonces, me embargaba una sensación de mareo y mi cuerpo me avisaba que tenía que dirigirme hacia la abertura y salir de inmediato.

Era casi imposible permanecer un segundo más. Completamente empapada por el sudor y la humedad, mi piel estaba tan enrojecida que parecía una langosta cocida.

UN VIAJE A LAS CUEVAS DE CRISTALES GIGANTES DE SELENITA DE MÉXICO

Alejandri conservó su aparente frescura durante toda la exploración, ya que él era la única persona que nos acompañaba y que estaba encargada de nuestra seguridad y rescate en las cuevas. Sin embargo, nunca olvidaré cuando me tomó de la mano y me empujó un poquito más lejos la última vez diciéndome en español: "Debes observar y recordar. ¡Recordar! ¡Recordar! ¿Sí?" Apenas podía reconocer sus palabras del agotamiento que sentía. Cuando dejó de insistir, misericordiosamente, le respondí prometiéndole completa y solemnemente que jamás olvidaría. (Ahora, sabiendo que estos gigantes han vuelto a quedar sumergidos bajo agua desde el año 2015, agradezco muchísimo haber seguido su recomendación).

Todos queríamos conservar unas cuantas piezas de los relucientes cristales de selenita como recuerdo de nuestra exploración. Para nuestra sorpresa, a pesar de la gran cantidad de cristales que nos rodeaban, nos dijeron que no era posible, que no había excepciones, y que no podíamos sacar ningún cristal de las cuevas.

Imaginen la decepción y mi determinación. Esa no podía ser la única respuesta, por lo que pedí una salida más benevolente para la situación.

Agradecida por salir de la cueva en ese momento, abandoné el calor dando tropiezos para dirigirme hacia las temperaturas más frescas de los túneles. Mientras esperábamos que cada uno de los miembros de nuestro equipo terminara su exploración, tomamos una última fotografía de los agotados exploradores.

En ese punto, tenía un dolor de cabeza insoportable. Sentía una migraña que me nublaba la vista. Sabía que estaba al borde de la deshidratación e hice todo lo posible por beber el Gatorade caliente que la mina nos proporcionó.

Permanecí en silencio debido al terrible dolor de cabeza que comenzaba a abrumarme a medida que continuábamos nuestro recorrido hacia la camioneta del jefe de seguridad, quien nos llevó lentamente a la cima de la mina para cambiarnos y volvernos a poner la ropa de calle.

Sin palabras y con profunda gratitud, me di cuenta de que nadie en nuestro grupo había sufrido lesión alguna. Nos tomó bastante tiempo recuperarnos antes de subir a nuestros vehículos y dirigirnos de vuelta a la ciudad de Chihuahua.

Antes de abandonar las instalaciones, revisaron minuciosamente nuestras mochilas. Fue en este momento que Alejandri nos regaló un par de cristales de selenita que cabían en la palma de la mano, extraídos directamente de las cuevas. Me invadió una gran alegría y lo agradecí con toda sinceridad puesto que yo había esperado algún resultado benevolente a mi solicitud.

Condujimos por un accidentado y polvoriento camino que pasaba por el pueblo de Naica. Mi cabeza palpitaba por la deshidratación, lo que me causaba un terrible dolor de cabeza, y en ese punto lo único que quería era acostarme y cerrar los ojos.

Por increíble que parezca, en realidad quedé dormida con mi brazo sobre la puerta sosteniendo mi cabeza con la mano derecha. Había estado orando para recuperarme por completo y al cabo de unos minutos, después de dormir profundamente, mi terrible migraña había desaparecido. Para mí, esa fue una recuperación milagrosa. Me sentí humilde ante el milagro de mi rápida sanación.

Llegamos al pueblo de Delicias donde tomamos una cerveza fría y cenamos comida mexicana antes de regresar al Hotel Palacio del Sol en Chihuahua.

UN VIAJE A LAS CUEVAS DE CRISTALES GIGANTES DE SELENITA DE MÉXICO

Había sido una de las experiencias más alucinantes, emocionantes y sorprendentes de mi vida, y la más desafiante de todas. Es difícil comprender ahora que todos nosotros arriesgamos de alguna manera nuestras vidas en la exploración de esas cavernas para el gobierno del Estado de Chihuahua y la Corporación de Turismo y Minería para entregarles nuestros informes.

Existe misterio y magia en los descubrimientos humanos sobre esta tierra y que siguen siendo inexplicables. Que sepamos, no se han encontrado otros cristales gigantes de minerales en la Tierra que puedan ser vistos o explorados, pero sabemos que existen. Y hasta donde sabíamos en 2016, ¡no se había encontrado nada siquiera parecido en o sobre el planeta que sea comparable con la magnitud de los cristales gigantes de selenita!

A nivel más cósmico, a veces me pregunto ¿cómo fue que llegué a ser una de las primeras personas en explorar las cuevas de cristales? ¿Y a dónde me llevará esa aventura? En 2016, parece que Singapur y Malasia estaban en mi radar.

En la época en que fui por primera vez a las cuevas, no sabía que yo era una de sus primeras exploradoras. Desde entonces me enteré que, debido a una superstición, el Grupo Minero Peñoles no permitía que las mujeres participaran en las operaciones mineras (hasta enero de 2001). Para Sonia Morales, representante del gobierno del Estado de Chihuahua y para mí, es sorprendente y un verdadero honor haber sido las primeras mujeres a las que se les permitió entrar en esas cuevas.

Se trataba de una expedición privada del gobierno con fines exploratorios. Según tengo entendido, no le ha sido permitido al público entrar y maravillarse ante esos cristales extraordinarios. El intenso calor con un 100% de humedad es una combinación mortal y esa mina es considerada como uno de los ambientes de trabajo más hostiles del mundo.

En 2015, fuimos informados de que la mina había apagado los motores de turbina que bombeaban la zona acuífera hasta un nivel de 670 metros por debajo de la superficie. La decisión estaba relacionada con la cantidad de mineral que podría ser extraído de la mina para generar utilidades. Hacer funcionar los motores de las bombas durante 24 horas al día, todos los días, con el fin de extraer más de 1 millón de galones por hora, era un gasto enorme.

Lamentablemente, llegó el día en que los amplios túneles de la mina quedaron inundados una vez más y los depósitos de cristales que cubren los gigantes silenciosos, quedaron fuera del alcance para siempre.

Hoy en día, en 2016, y en los últimos años, sigo presentando las primeras y exclusivas fotografías, dicto talleres y conferencias y doy entrevistas sobre los misteriosos cristales gigantes de selenita. Ha sido un honor y un privilegio compartir ese asombroso descubrimiento (desde mi perspectiva y mi propia experiencia) con audiencias fascinadas alrededor del mundo. Muchas personas se sienten atraídas e interesadas en el conocimiento más profundo respecto a la manera en que nosotros, como seres humanos de este planeta, estamos conectados con esos cristales específicos.

La Madre Tierra ha creado estos guardianes de cristal de la tierra. No creo que ocurra algo sin un propósito o función, ni siquiera el crecimiento de los cristales. Investigaciones posteriores de Naica y sus alrededores, indican que existen otros eventos paranormales vinculados con el misterio de los cristales gigantes que parecen inexplicables, tales como algunos huesos humanos gigantescos que se han encontrado en las montañas.

CAPÍTULO 13

Resumen del documental "Into the Lost Crystals" (Una mirada a los cristales perdidos).
Octubre de 2010

UN VIAJE A LAS CUEVAS DE CRISTALES GIGANTES DE SELENITA DE MÉXICO

Con respecto a la última investigación de los cristales gigantes de selenita de Naica, producida y trasmitida por National Geographic TV, (titulada "*Into the Lost Crystals*") en 2010, se han descubierto más cuevas de cristales que indican que existen pasadizos de conexión.

Desde 2001, cuando visité la mina y comenzó mi propia investigación para comprender el increíble fenómeno de los cristales gigantes, llegué a creer que este sistema no solo se centraba en el interior y alrededor del primer depósito donde se encontraron los cristales gigantes, sino que también debía existir un subcanal de cristales de yeso (un río de cristales) con una orientación norestesuroeste. Ese canal afloraría a la superficie más al norte, cerca del fantástico Monumento Nacional White Sands en el sur de Nuevo México.

En enero de 2008, mis viajes a Nuevo México me condujeron otra vez a los recuerdos de mi infancia, cuando vivía cerca de El Paso, Texas. Las excursiones escolares nos llevaron a las cavernas de Carlsbad donde tuve mi primera experiencia con los cristales vivientes de las profundidades de esas cavernas.

Esa mañana, mientras conducíamos en dirección al oriente desde El Paso hacia Carlsbad, le pedí a mi amigo Perry que se orillara en la carretera y observara hacia el sur a lo largo y ancho de una enorme porción del desierto llamada la Cuenca de Delaware. Allí aflora parte de un arrecife fosilizado llamado las Montañas de Guadalupe. La Cuenca del Delaware forma parte de una cuenca pérmica mayor que abarca más de 16.000 km^2 de Texas y del sur de Nuevo México.

Ese período de sedimentación dejó un espesor de 490 a 670 metros de piedra caliza entrelazada con pizarra de color oscuro. La caliza es una roca sedimentaria compuesta principalmente por los minerales de calcita o aragonito; que son formas diferentes de cristales de carbonato de calcio. Al igual que la mayoría de las rocas sedimentarias, la caliza está compuesta por granos; sin embargo, la mayoría de los granos de caliza son fragmentos óseos de organismos marinos, tales como los corales o los foraminíferos. Otros granos de carbonato compuesto de piedra caliza son los ooides, peloides, intraclastos y extraclastos.

Algunas piedras calizas no están compuestas de granos en absoluto y se forman completamente debido a la precipitación química de la calcita o aragonito, como por ejemplo el travertino. La solubilidad de los minerales en agua y en soluciones ácidas débiles conlleva a la creación de paisajes cársticos (como cavernas). Las regiones que cubren yacimientos de piedras calizas tienden a presentar fuentes acuáticas menos visibles (arroyos y estanques), ya que el agua de la superficie se drena fácilmente a través de las fisuras de piedra caliza. A medida que se drena, el agua y el ácido orgánico del suelo ensancha lentamente (a lo largo de miles o millones de años) esas grietas, disolviendo el carbonato de calcio y arrastrándolo en forma de solución. La mayoría de los sistemas de cuevas se encuentran en los substratos de piedra caliza.

Fue en mayo de 2008, mientras excavaba en busca de cristales en la parte occidental de Arkansas, que descubrí que una de mis teorías era correcta cuando conocí a los nuevos propietarios de un viejo depósito de yeso controlado por el ejército (cristales de selenita producidos por carbonatos de calcio) cerca de Carlsbad, Nuevo México, a 3 km del lugar en el que habíamos detenido nuestro vehículo cinco meses atrás.

Hicimos una conexión inmediata en el momento de conocernos y recibimos una invitación para visitar el depósito más adelante. Fue en diciembre de 2009 que tuve la oportunidad de dedicarle un par de días al depósito de selenita. El tiempo que pasé en ese lugar me preparó para experimentar algunos sueños extraordinarios, especialmente por el hecho de haber permanecido durante la noche en la casa rodante de ese lugar (ángeles o ángulos de luz que se me presentaron para sanar mi cuerpo por medio de la imposición de sus manos o de la conexión de energía con mis pies).

Tras una inspección más detallada de los cristales, la calidad de los materiales era igual en claridad y transparencia a la de los cristales de los dos documentales (octubre de 2008 y 2010) de la National Geographic sobre los cristales de selenita más grandiosos encontrados alguna vez en el planeta. El documental de la National Geographic se enfoca en su última expedición a las cuevas en la búsqueda de más cristales y microorganismos vivientes muy raros que no existan en alguna otra parte del mundo.

Dado que las condiciones ponen en riesgo la vida humana, explorar las cuevas a 47.7°C (actualmente 45°C) de temperatura con un 90% de humedad, puede producir la muerte de una persona en menos de 30 minutos. La temperatura extremadamente alta de la mina ha ido disminuyendo lentamente desde que fue perforado el nuevo ducto de ventilación de 600 metros dentro de la montaña en 2009 y debido a la apertura de las cuevas que ha permitido que se disipen el vapor y la humedad. Muchas personas están dispuestas a arriesgar sus vidas para comprender cómo se formaron esos cristales naturales y su impacto sobre la tierra y los seres humanos.

Una maravilla visual como ninguna otra, una catedral de cristal que desafía nuestra comprensión de lo que la tierra es capaz de crear. Un mundo extraño aquí mismo en la tierra, las cuevas de cristales cubren la longitud de un campo de fútbol y la altura de un edificio de 2 pisos.

Detrás de la puerta de plexiglás, cerca del túnel de acceso que conduce a las cuevas, existe un bosque de cristales y pasadizos que no fueron explorados en su totalidad por los científicos en el año 2010.

Penny Boston, astrobióloga del New Mexico Tech que formó parte del documental del año 2008, regresó a las minas. Del equipo original ninguno más ha regresado. Ella volvió para buscar virus antiguos atrapados en los cristales de agua. Buscar otras formas de vida que aún no han sido descubiertas puede ser útil para comprender cómo se formó la vida o se crearon otros planetas.

Los equipos ensamblaron una estructura enfriadora transparente denominada ICE CUBE, diseñada para ayudar al equipo a recuperarse rápidamente del agotamiento debido al calor y la humedad.

En 2008, los exploradores comprobaron que existen otros depósitos de estructuras cristalinas. Cualquier permanencia por encima de la media hora de exploración puede ser mortal.

En lo alto de las montañas de Naica, al oeste, otro equipo está fabricando un aparato de seguridad para bajar un ducto de ventilación de aire perforado por los propietarios de la mina en 2009 y así ayudar a que los mineros se mantengan frescos bajo el extremo calor de la mina. Ese ducto desciende 600 metros y es llamado el Hoyo de Robín.

Mark Beverly, líder de la exploración, logró descender 152 metros al lugar donde había un depósito cristales que sobresalían del ducto a través del substrato. Allí yace un depósito de cristales en una cueva inexplorada que llamaron el "Palacio de Hielo", pero nada que se le parezca en tamaño a los de la Cueva de los Gigantes de Cristal.

Una irrupción de magma volcánico creó las condiciones de calor extremo que calientan un acuífero subterráneo. En consecuencia, los mineros deben soportar la experiencia de calor extremo y humedad durante la exploración.

De la mina se bombea 1 millón de galones de agua por hora. En 2008, los funcionarios de la mina informaron que en los meses siguientes se apagarían las turbinas para garantizar que los cristales queden sumergidos nuevamente, asegurándose que queden fuera de nuestro alcance para siempre (Eso sucedió en 2015).

UN VIAJE A LAS CUEVAS DE CRISTALES GIGANTES DE SELENITA DE MÉXICO

Teniendo cuenta que era imposible continuar con la exploración más allá de los 30 minutos, se diseñaron trajes con aire acondicionado para ampliar la seguridad y el bienestar de los equipos que se aventuraran más lejos y durante más tiempo dentro de las cuevas.

Otro problema grave era el uso de las cámaras fotográficas ya que se empañaban en un instante y luego dejaban de funcionar. Se logró resolver el problema colocando las cámaras de grabación y de fotografía en bolsas plásticas y exponiendo el equipo a esas condiciones extremas durante dos horas. De esa forma, las cámaras se aclimataban a la temperatura y a la humedad.

En 2006 se descubrió una nueva grieta que se trató de explorar en 2008, y que conduce a otra cueva de cristales. Sin embargo, aunque fluye aire más fresco a través de un pasadizo, el acceso no es sencillo.

Los cristales de selenita se formaron del yeso, una evaporita de sales, más específicamente, de sulfato de calcio hidratado que cubría las paredes de las cuevas sumergidas. Bajo condiciones ideales, el crecimiento del cristal ocurrió bajo el agua hasta llegar a niveles gigantescos.

Penny Boston y su colega encontraron cristales de anhidro (burbujas de agua) en el interior de los cristales de selenita de la cueva EL OJO DE LA REINA. Su misión fue la de buscar nuevos microorganismos, especialmente bacterias. Lograron reactivar una muestra de bacterias triturando el sustrato por medio de compuestos minerales como fuente de energía. Esa bacteria específica no se había hallado previamente en la Tierra.

Penny perdió el control debido al calor. Abrumada por sus emociones, rompió en llanto y su comentario sobre su labor de exploración en las cuevas de cristales fue que esos cristales son un regalo de la Tierra para nosotros y que no podríamos observarlos por mucho más tiempo. Su pronóstico fue acertado.

En el año 1910, se descubrió la primera cueva de cristales de selenita en la mina Peñoles de Naica. Los geólogos de todo el mundo acudieron a México para comprender la manera en que se formaron.

Se trataba de la Cueva de las Espadas que se encontraba a 60 metros debajo de la superficie de la tierra. La fluctuación del agua que subía y bajaba muchas veces, fue la razón por la que esos especímenes de cristal en particular no crecieran hasta adquirir proporciones tan gigantescas sino que, de alguna manera, se atrofiaron. A una profundidad de 274 metros, los cristales gigantes que crecieron en condiciones perfectas no sufrieron esas fluctuaciones del agua. Esa es una clave que indica que existen más cuevas.

En la superficie, Mark Beverly explora la cueva Hoyo de Robín a 152 metros de profundidad denominada el Palacio de Hielo y dijo que la temperatura en el ducto de aire era tan alta que parecía radiactiva.

Una nueva cueva, la Cueva de las Velas, fue descubierta en 2009 después de un drenaje que se había hecho 20 años atrás y su ubicación subterránea reveló nuevas estructuras de selenita con la forma de agujas largas, brocoflores (flores de brócoli y coliflor) y agujas anidadas. Tras un examen más detallado, las agujas anidadas son de aragonito. El aragonito es un mineral de carbonato, una de las dos formas de cristales de carbonato de calcio más comunes que se presentan en forma natural, $CaCO_3$ (la otra forma es la calcita mineral). Los cristales se forman por procesos físicos y biológicos e incluyen la precipitación de ambientes marinos y de agua dulce.

Aunque no se menciona el enorme acuífero subterráneo, sus repercusiones son importantes cuando se trata de comprender por qué se forman los cristales en las elevaciones del árido desierto de México. La enorme cantidad de agua no encontró una salida hacia el Golfo de México a través del Río Grande durante la época en que se formaron los océanos de esa región.

En 2001, siendo una de las primeras exploradoras, pasamos mucho tiempo en la cueva más pequeña, conocida en ese entonces como la Cueva de los Sueños. Esa cueva ha sido rebautizada como el Ojo de la Reina. En 2001, existían dudas sobre si esa cueva estaba conectada con la Cueva de los Gigantes de Cristal. Existen estructuras de cristal que no se encuentran en la cueva más grande. Concretamente, la rosa gigante del desierto o la flor que a menudo forma la selenita. Son cristales excepcionalmente claros en vez de los materiales llenos de sedimento que se ven normalmente en las colecciones de minerales.

Además, hay una gran cantidad de agua que se acumula en los niveles más bajos de la mina ya que es muy difícil bombear toda el agua para extraerla porque sigue surgiendo procedente de las corrientes del acuífero subterráneo.

Los virus son depredadores y se alimentan de bacterias. Las muestras de agua de la cueva del Ojo de la Reina revelan una cantidad de 10 millones de virus por milímetro. Se plantea una interrogante relacionada con la conexión de esos virus con las mismas formas de vida que se encuentran en el fondo del océano en las fumarolas volcánicas. La interrogante que desconcierta a los científicos en este momento es cómo encontraron los microorganismos del fondo del océano una salida hacia las aguas que formaron las cuevas de cristal de Naica.

Se descubrieron tres nuevos microorganismos en la región más baja de la mina que no se habían encontrado nunca antes en la tierra. ¿Podría esto ayudarnos a comprender las bacterias desconocidas que proceden de los meteoritos y cometas que impactaron la tierra?

La Venta, el equipo italiano encargado de la exploración de las cuevas dijo que quedarían inundadas en breve. (Como se indicó, las cuevas quedaron inundadas en 2015). La extraña formación de los cristales se convertirá en nuestra herencia para comprender la vida de nuestro sistema solar, y no solo del planeta tierra.

Durante mis viajes al sureste de los Estados Unidos durante los últimos 15 años, he investigado una cantidad inusual de "eventos extraños" conectados con el desierto de Chihuahua y los alrededores de la mina Peñoles de Naica donde se hallaron los cristales. ¿Es posible que estos cristales estén conectados con la vida extraterrestre?

UN VIAJE A LAS CUEVAS DE CRISTALES GIGANTES DE SELENITA DE MÉXICO

Nuevo Espeleotema descubierto en las Cuevas

Manténgase en sintonía para recibir la información que ofreceré en mi segundo libro y otros temas publicados en mi sitio web: www.thecrystalgiants.com y en Facebook en: https://www.facebook.com/giantcrystalsofmexico y https://www.facebook.com/naicacaves

UN VIAJE A LAS CUEVAS DE CRISTALES GIGANTES DE SELENITA DE MÉXICO

CAPÍTULO 14

Reflexiones

Aproximadamente un año después de haber estado en las cavernas en Naica, una mujer de Silver City, Nuevo México, me envió un poema. Había oído hablar de mi aventura y quería compartir conmigo lo que le estaban comunicando esos cristales gigantes. Tenían un mensaje para mí. Quedé muy conmovida por el significado tan profundo de su poema.

Después de recibirlo en un correo electrónico que me envió, hicimos planes para que yo fuera a visitarla a Silver City, la conociera en persona y compartiera con ella. Hablamos de muchas cosas mientras paseábamos por las montañas y recogíamos algunas rocas extraordinarias e incluso puntas de flechas indias en esa zona y reconocimos que éramos hermanas ancestrales conectadas por los cristales.

Me gustaría compartir ese poema con usted, mi lector:

Hablan los cristales gigantes
Por Marilyn Twintrees
Silver City, Nuevo México

UN VIAJE A LAS CUEVAS DE CRISTALES GIGANTES DE SELENITA DE MÉXICO

Hoy es un aliento en el vacío

El ahora más trascendental

Saludos a todos aquellos que pueden escuchar, a todos los que pueden respirar y oler las antiguas aguas de las que hemos nacido

Brotamos del acuífero ancestral del fuego y agua, de la misma chispa de vida codificada en cada gota de agua terrenal

Si nos conoces, entonces sabrás en lo que te estás convirtiendo

La evolución que florece en tu espíritu en forma tan perfecta que desciende sobre tu cuerpo

Cristalizándose en la unión más exquisita de sueño y paz

Inhálala plenamente

La has atraído hacia ti con dulce intención y libre poder

Nos has descubierto

Al hacerlo, te contamos que has descubierto para ti

El núcleo de tu infinita conexión con la tierra y con la vida a través del amor

Somos el núcleo de la tierra

Somos el núcleo del Amor que se encuentra con la forma y se reconoce como divinidad pura

En tu mente, crees que estás separado

Ya no es necesario que te sientas así

UN VIAJE A LAS CUEVAS DE CRISTALES GIGANTES DE SELENITA DE MÉXICO

En nuestra presencia, eres testigo de la magnificencia que somos nosotros, que eres tú

Somos nosotros los que estamos unidos y conectados en este tiempo de crecimiento

Si nos ves sabes que tus sueños se han cumplido

No solo lo que tú crees que deseas

Sino aquello que tu alma ha colocado en tu corazón expandido

Porque es verdad

Porque tu destino es ser

En libertad

Cuando nos contemplas, tus células comprenden que ha llegado el momento

Que conocías en lo más profundo de tu ser

Hemos sincronizado nuestros seres

Ahora tu ADN sabe cómo activar toda su genialidad

Ahora recuerdas toda la maravilla que eres

Un aliento

Cada vez

Nos vemos en ese aliento

Ahora

SOBRE LA AUTORA

Leela Hutchison se graduó de gemóloga en el Gemological Institute of America en Carlsbad, California. Leela es exploradora, maestra, presentadora, y ahora escritora sobre el tema de los cristales, las gemas y los minerales. Se especializa en educar a los oyentes sobre las cualidades notables de la selenita, considerada por muchos como una de las principales energías generadoras de poder de la nueva conciencia mundial que está surgiendo.

Ella comenzó a exponer las imágenes exclusivas de la primera exploración de los cristales gigantes de selenita de México en mayo de 2001 ante las audiencias de la isla de Kauai. A raíz del increíble interés provocado por esas audiencias, recibió invitaciones para enseñar alrededor del mundo.

UN VIAJE A LAS CUEVAS DE CRISTALES GIGANTES DE SELENITA DE MÉXICO

Leela practica también las artes de sanación desde 1996 y lleva más de 6000 horas de curación con las manos. Se especializa en la amplificación de la energía cristalina por medio del uso de gemas, cuarzos y cristales de selenita en bruto y facetados. Sus clases ofrecen educación sobre el uso de estas mismas modalidades de sanación por medio de la disposición de patrones de energía cristalina sobre el cuerpo y sobre la red energética de la tierra.

Nació y creció en El Paso, Texas, donde comenzó su amor por la exploración y la recolección de rocas. Siente profunda fascinación por la geología del suroeste de los Estados Unidos, lo cual la ha llevado a lo que ella se refiere en broma como casi una obsesión por recorrer cañones, cordilleras y cuevas de la región con una curiosidad insaciable por la exploración y la búsqueda de rocas.

Durante años, Leela ha recorrido los centros de poder y lugares sagrados del mundo, incluyendo Perú, Inglaterra, Bermudas, Iona, Escocia, Grecia, México, Arkansas, Irlanda, Canadá y Francia. El año pasado, durante una visita a Portugal y España, experimentó más evidencias de las energías telúricas y de la red que recorre y se encuentra debajo de los Pirineos en la frontera con Francia. También visitó las pirámides de Yucatán y Oaxaca, México, en su búsqueda por comprender a nivel científico, espiritual y metafísico la energía de las piedras, de los vórtices, de las líneas Ley y de la red de la tierra.

En 1997, experimentó su primer despertar con el gran campo unificado de la conciencia, la comprensión del gran amor y cómo la madre Tierra honra a todos sus hijos.

En 2001, Leela se convirtió en la primera mujer estadounidense que entró en las sorprendentes cuevas de cristales gigantes de selenita cerca del pueblo de Naica, Chihuahua en la Sierra Madre de México. Esas cuevas contienen lo que hoy en día se conocen como los cristales más grandes de la Tierra que llegan a tener casi 15 metros de altura, con un peso aproximado de 60 toneladas y se estima que tienen 550.000 (un millón) de años de antigüedad.

La cueva tiene uno de los ambientes más hostiles de la tierra: temperaturas extremas de 55.5 grados centígrados en el año 2000 y actualmente 45 grados (en 2010) y sigue disminuyendo lentamente, con un 100% de humedad en ese entonces, y ahora con un 90%.

Leela siente intuitivamente que todavía hay más cristales de selenita colosales por descubrir en las profundidades de la tierra.

Durante los últimos quince años, ha estado recopilando información que sugiere que sus campos energéticos afectan la conciencia colectiva de la humanidad. Su investigación incluye exploraciones en curso que vinculan estos cristales de selenita gigantes con otros depósitos de cristales de selenita de Nuevo México y lugares insólitos tan lejanos como Jalisco, México, el sur de Colorado, Florida y pronto Baja California.

Vincular los puntos de energía o sitios sagrados de la red de la tierra con Naica también forma parte de sus enseñanzas a los estudiantes interesados en las tecnologías de las redes de cristal.

A mediados de diciembre de 2009, en el momento de subir a un avión en la ciudad de Los Ángeles para visitar el oeste de Texas y la cuenca del Pérmico, tuvo una conversación con una profesora asociada de ciencia kárstica y de cavernas del Instituto New Mexico Tech y directora de estudios de cavernas y kársticos, del Departamento de Ciencias de la Tierra y del Medio Ambiente, la astrobióloga Penelope Boston. Penny había regresado recientemente de Naica de otra expedición con el equipo del Proyecto Naica.

Acababan de terminar la filmación de la segunda parte del Proyecto Naica para la National Geographic TV. "NatGeoTV", que filmó la primera parte del documental del proyecto Naica en noviembre de 2008. La segunda parte se trasmitió en octubre de 2010.

Su equipo había encontrado otro depósito de cristales de selenita en la cadena montañosa de la Sierra Madre de Naica. Aunque esos cristales no pertenecen a la misma formación de gigantes de la primera cueva, existen indicios de que hay una gran cantidad de material en el subsuelo de esa zona.

También descubrieron un espeleotema muy insólito y nunca visto. (Se recomienda ver el documental "*Into the Lost Crystals*" [Una mirada a los cristales perdidos] de la National Geographic Television para conocer mayores detalles).

La investigación más reciente de Leela está revelando ahora cómo estos cristales amplifican el campo cristalino de las líneas Ley electromagnéticas de y alrededor de la tierra. Esos transmisores de selenita han conectado sus mensajes en las fechas de activación de los 144 vértices de la red cristalina. (El penta-dodecaedro doble) La última fecha de activación, el 12-12-12, fue la culminación de todos los cristales planetarios principales alineándose para la fecha del histórico diciembre 21 de 2012, el solsticio de invierno y la alineación galáctica.

Leela reside en la actualidad en el Valle de la Luna, en el condado de Sonoma de California del Norte. Haber escrito su primer libro la ha inspirado a recopilar todas las investigaciones para su segundo libro que será publicado en 2018.

Para programar una consulta telefónica para una sesión de sanación energética con gemas y cristales, para darle nacimiento y navegar su senda siguiendo su verdadero propósito y creatividad o para recibir asesoría sobre gemas y minerales específicos y su uso apropiado, puede llamarla al número 001-415-847-0141 si llama desde fuera de los Estados Unidos.

Para talleres, conferencias o presentaciones, le pido que por favor me envíe un correo electrónico a leelasgems@yahoo.com.

UN VIAJE A LAS CUEVAS DE CRISTALES GIGANTES DE SELENITA DE MÉXICO

www.ingramcontent.com/pod-product-compliance
Lightning Source LLC
Chambersburg PA
CBHW040218220526
45473CB00001B/39